2020年度大连外国语大学学科建设专项经费资助项目

生态湿地景观建设与管理

高增荣　唐锡斌　王亚昕　著

化学工业出版社

·北京·

内容简介

本书分为八章，讲解围绕生态湿地展开的基础理论，以及开发建设管理相关的重点内容。其中前四章从湿地的起源入手，阐述了湿地现状、湿地定义、湿地分类、湿地功能等相关内容，为读者构建湿地的知识理论框架。后四章从湿地效益评价到生态湿地保护，以及生态湿地开发与景观营造，直至生态湿地的管理，串联了生态景观湿地的生态学、经济学、美学评价标准，以及保护政策、生态湿地开发技术与科学管理等重要内容。

本书适合环境艺术设计、景观设计的专业人员，从事生态建设和城市管理的人员，以及相关专业大中专院校师生阅读参考。

图书在版编目（CIP）数据

生态湿地景观建设与管理/高增荣，唐锡斌，王亚昕
著．—北京：化学工业出版社，2021.12（2024.1重印）
ISBN 978-7-122-39953-3

Ⅰ．①生…　Ⅱ．①高…②唐…③王…　Ⅲ．①沼泽
化地-景观生态建设-研究　Ⅳ．①P941.78

中国版本图书馆 CIP 数据核字（2021）第 191943 号

责任编辑：徐　娟　　　　　　　　　文字编辑：蒋丽婷　陈小滔
责任校对：宋　玮　　　　　　　　　装帧设计：韩　飞

出版发行：化学工业出版社（北京市东城区青年湖南街 13 号　邮政编码 100011）
印　　装：北京科印技术咨询服务有限公司数码印刷分部
787mm×1092mm　1/16　印张 11　字数 212 千字　2024 年 1 月北京第 1 版第 2 次印刷

购书咨询：010-64518888　　　　　　　　售后服务：010-64518899
网　　址：http://www.cip.com.cn
凡购买本书，如有缺损质量问题，本社销售中心负责调换。

定　　价：78.00 元

特别鸣谢

指导专家： 西田达生　六环景观（辽宁）股份有限公司　日籍资深设计专家

　　　　　韩　杰　六环景观（辽宁）股份有限公司　资深专家

　　　　　　　　中国风景园林学会纵深贡献奖获得者

　　　　　孙宏文　中科院大连化物所中科化物（大连）科技服务有限公司　园林绿化顾问

　　　　　　　　中科禾一（大连）农业科技有限公司　专家顾问

　　　　　　　　中国风景园林学会植保专业委员会　委员

资料调研（按姓氏汉语拼音排名）：曹　真　曹中华　常慧敏　冯卓婧　付晨辰

　　　　　　　　　　　　　　　　高彩阳　高亦霏　高增博　葛雨寒　宫　瑞

　　　　　　　　　　　　　　　　郭　峰　郭红利　焦树国　李　慧　李建鹏

　　　　　　　　　　　　　　　　李琳琳　李鑫岳　刘　慧　刘　璐　刘明东

　　　　　　　　　　　　　　　　刘明钊　刘　双　马冰玉　曲奕蒙　石　鑫

　　　　　　　　　　　　　　　　孙铭远　万　涛　王冀豫　王晓雷　于　雷

　　　　　　　　　　　　　　　　于　磊　徐　艺　张宝堂　张格清　张恺斌

图表绘制： 王亚昕　冯卓婧　宫　瑞

日语翻译： 唐锡斌　刘　鑫

前　言

　　人类文明诞生以来，自然生态系统与城市生态系统不断融合发展，城市化过程不可避免地带来了生态环境恶化问题。伴随着全球性的环境污染和生态平衡破坏，"生态建设"已成为中国国家宏观层面的发展战略。湿地作为地球生态系统及生态建设中的重要组成部分，其涉及的专业理论体系及技术操作方法复杂而庞大，兼具生态学、地理学、环境科学、设计美学等多学科、跨专业的特性。

　　生态环境领域相关的书籍多偏向于生态学和湿地学等，针对艺术学领域的艺术设计专业，以环境设计专业为出发点的生态湿地景观类书籍较少。因此，编著生态景观设计策略的书籍，并有计划地引导学生学习生态湿地系统的基础体系尤为重要，可提升环境设计专业可持续性生态设计教学水平，以及为环境设计复合应用型人才培养提供理论基础。

　　本书为 2020 年度大连外国语大学学科建设专项经费资助项目成果，针对环境设计专业教学中的生态湿地景观的可持续发展而展开，总结了编者多年来在环境设计专业教学与生态景观设计中的从业经验，适用于具备环境设计基础的学生、景观设计从业者、生态建设工作者等。本书关注生态环境建设，在理论学习中提出"生态设计"的相关问题，在实践项目中给出解决方式、方法，追寻生态景观设计的可持续价值，深入挖掘生态湿地景观设计的发展与建设可能性。

　　本书内容着眼于生态湿地的基础理论，包括湿地的起源、湿地与人类社会的相互影响、湿地的定义、湿地的分类、湿地的功能、湿地的现状及存在的问题等。在此基础上深化，结合不同区域的生态湿地景观建设情况来阐述湿地的保护、生态修复技术操作以及各国家、城市对生态湿地的管理。以理论、现状研究为基础，为广大学者构建生态湿地景观营造理论实践知识体系，继而为广大设计学者和生态景观建设者提供思路策略，为湿地环境保护和开发建设建言献策。

　　本书由高增荣、唐锡斌、王亚昕著。本书写作的初始源于作者与日籍设计师西田达生（Nishida Tatsuo）、韩洁老师、孙宏文老师的生态科研工作交流，在此向本书的指导专家西田达生老师、韩洁老师、孙宏文老师致敬！著作中涉及的日语资料翻译由唐锡斌、刘鑫完成。本书的基础资料整理由王亚昕完成，图表由王亚昕、冯卓婧、宫瑞绘制，参加基础资料调查研究的有高亦霏、焦树国、刘明东、马冰玉、万涛、刘双、石鑫、李健鹏、于雷、曲奕蒙、孙铭远、张宝堂、高彩阳、徐艺、曹真、郭峰、张恺彬、常慧敏、付晨辰、刘慧、李琳琳、王晓雷、谢孝坤、许建刚，衷心感谢以上人员以及基础资料调研团队！

高增荣
2021 年 6 月

目　录

第 1 章
湿地研究背景

1.1 湿地起源

　　湿地伴随地球环境——地质、地貌、气候、水文、生物等几大要素的自然演变而形成。由于人类文明的出现及其城市社会活动的作用，在城市建设过程中，人为因素与自然因素的共同作用使湿地环境发生了变化，城区不断扩张与发展导致自然湿地遭遇一定程度的开发与干预，其数量急剧减少。在人类物质文明、精神文明高度发展以及新兴技术高度开发与应用的 21 世纪，人工技术营造、修复湿地生态系统成为城市建设的重要篇章。如何重新构建和保护现有的城市湿地生态体系，恢复湿地系统循环性与湿地生物多样性，提升城市湿地的生态技能与效益功能，是对今天城市建设过程中的人与湿地关系的探讨。

　　"湿"字在《说文》❶中的解释为"溼，幽溼也。从水，一所以覆也。覆土而有水，故溼也。"湿地及其生态系统从自然孕育、成长，到系统完整化，湿地环境的演化如图 1-1 所示，历经了生长、成熟的自然过程，与城市硬质化建设的破坏过程。

图 1-1　湿地环境的演化（宫瑞绘）

---

❶《说文解字》的简称，东汉经学家、文字学家许慎编著。

经历城市建设的破坏后，湿地自我防御系统与外界干扰因素相互作用、互相制衡，湿地空间逐渐恢复其生态环境。在湿地生态系统的运转过程中，地球环境的自然要素是湿地形成的客观因素、基础要素和内在要素，人类的主观能动作用、人类活动的介入和影响则属于主观因素和外力因素。但无论是自然湿地，还是人工湿地，其形成的最重要因素是"水"要素及大气水循环过程（"水"要素物质形态的循环）。

基于地球纬度、空间地理环境的不同，从水的盈亏、循环方面来阐释湿地的成因。如图 1-2 所示，综合大气水循环是指地球表面水的转化和循环过程，具体通过降水、蒸发或下渗、地表径流的方式完成，在一般情况下，由于降水的水量与速度大于蒸发、下渗的水量与速度，水在不易排水的土地空间因地势低洼而形成滞留，经过生物群落在不同空间结构（垂直结构和水平结构）的相互作用，逐渐形成湿地环境。湿地形成条件可概括总结为"来水多、去水少"。

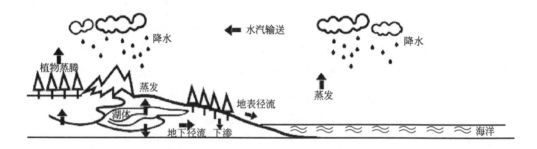

图 1-2　大气水循环（冯卓婧绘）

"来水"即降水，从地表水量的角度出发具体分析热带地区，河流、河口地区和沿海地区的湿地成因如下：热带地区高温多雨，地表水分不易下渗，植物涵养水分的功能作用强；河流、河口地区和沿海地区地表径流水量丰富，河网密布。综上加之，以上区域内地势低洼，水不易流通、蒸发和下渗，因此形成湿地。如位于热带地区、海南省东北部，被列入国际重要湿地名录的中国海南东寨港国家级自然保护区（Hai Nan Dong Zhai Gang National Nature Reserve），拥有中国面积最大的沿海滩涂森林。

"去水"即水分下渗与蒸发，从水消耗的角度出发具体分析高纬度地区与高原地区的湿地成因如下：高纬度和高海拔地区由于气温较低，太阳蒸发弱，冻土层导致水难以下渗，在地势低洼处形成湿地。如中国青藏高原的腹地，青海省南部长江、黄河、澜沧江的三江源头汇水区，海拔最高的自然湿地——三江源国家公园（Three-river-source National Park）。按照不同区域的地理、气候等因素，来分析区域环境的"来水"与"去水"状况，如表 1-1 所示，举例总结了湿地成因分类。

表1-1 湿地成因分类

划分属性	地区	来水	去水	地势	举例
年积温量	热带地区	降水丰富，河网密布	植被丰富，不易下渗	地势低洼，排水不畅	湄公河三角洲（Mekong Delta）湿地、中国海南东寨港国家级自然保护区（Hai Nan Dong Zhai Gang National Nature Reserve）
空间位置	河流、河口地区	降水量大，支流汇入	平原地区，下渗不畅	地势低平，排水不畅	美国密西西比河三角洲（The Mississippi Delta）湿地、中国黄河三角洲（Yellow River Delta）湿地
空间位置	沿海地区	水量丰富，河网密布	沿海地区，下渗不畅	地势低洼，长期积水	日本雾多布湿原（Kiritappu Marsh）、中国杭州湾（Hangzhou Bay）南岸滩涂湿地
海拔、纬度	高原地区	降水丰富，冰川融水较多	海拔高，气温低，蒸发弱	地势低洼，排水不畅	埃塞俄比亚塔纳湖（Lake Tana）湿地、中国四川若尔盖湿地国家级自然保护区（Sichuan Ruoergai Wetland National Nature Reserve）
海拔、纬度	高纬度地区	降水量少，地表有水	纬度高，气温低，蒸发弱	地势低平，排水不畅	俄罗斯瓦休甘沼泽（Vasyugan Swamp）湿地、中国三江源国家公园（Three-river-source National Park）

1.2 初识湿地

人类文明在"逐水而居"的空间环境下孕育成长，世界四大文明古国——古巴比伦[1]、古埃及[2]、古印度[3]和中国，所对应的地理发源地——两河流域（幼发拉底河、底格里斯河）、尼罗河流域、印度河流域及恒河流域、黄河流域，印证了适宜的濒水地理环境、气候因素是人类生存和发展的必备条件，其对人类文明繁衍以及人类生产活动有着重要的推动作用。围绕着自然生态与生存客观环境，以及人类生产生活引发的一系列社会活动，人们展开对自然环境的求索，通过人与自然的关系来反思古代人类的哲学观与行为认知，尤其是对"水"环境和"水"要素的理解。

人类社会同自然界有着天然的联系，它是自然界发展到一定阶段的产物，是物质世界的一个重要组成部分，人类社会的自然哲学思想观是分析不同国家城市空间

---

[1] 约公元前1894—前1595。

[2] 公元前3200—前525。

[3] 公元前2500—前1500。

环境形成的重要依据。中西方的自然哲学思想观，介于地域地理气候等的不同，在"人与自然"关系的阐释层面上呈现出根本性差异。中国道家老子❶的"人法地，地法天，天法道，道法自然"❷与庄子❸的"天人合一"哲学思想体系，强调宇宙自然为大天地，人为小天地，天是自然，人是自然的一部分，人与自然和谐共存。故中国自然哲学思想观重视在尊重自然、保护自然、顺应自然的基础上改造自然。从环境角度来讲，中国古代文明成长于富饶肥沃的黄河三角洲、长江三角洲流域，相对于西方冰河时代❹的艰难生存环境，人类为了生存而对抗自然、改造自然，从而诞生了西方哲学文化主流的征服自然、战胜自然的思想。西方思想体系强调"人定胜天"，通过人为活动或力量改变自然、征服自然，以人类社会以行动支配自然作为主导，通过改造自然索取社会所需的自然资源财富。

　　人对自然生态环境的认知与主观能动性促使美学活动或行为科学、设计的产生，环境设计作为人类进行物质空间环境改造或美化的实际活动过程，其发展与诸多因素相关联，影响着人类社会生活的方方面面。在社会高速发展的当下，城市空间作为一种社会文化载体让人们看到不同文化的空间表象特征。中国在环境设计方面的表现为在城市空间内重塑自然环境状态，追求和谐、含蓄、有意境的场所设计，而西方国家在环境设计方面的表现则为秩序化、几何化，人工雕琢的成分显而易见，追求人工美，布局严谨对称，自然生长的花草、灌木、乔木修剪得整整齐齐，呈现出秩序化的图案美。究其根本在于中西方地理、文化、社会等方面的历史背景的差异。

　　除了人与自然的关系之外，中西方对"水"这一自然要素的认知，存在一定相似性。古希腊哲学家泰勒斯（Thales）❺曾提出"水是万物的始源"，认为万物产生于水又复归于水；中国古代的五行说将"水"作为世界五大本原之一，道家学派代表人物老子将"水"赋予深刻而崇高的道德涵义，"上善若水"则是其道德追求的哲学观；而出自《庄子·山木》❻第五则原文的"君子之交淡若水"，则用以形容贤者间的友情建立在道义之上，清新雅致，纯净如水；儒家学派代表人物荀子❼更是在《荀子·哀公》中提出"水能载舟，亦能覆舟"❽，用于讲述君与民的相互关系；中国传统建筑讲究"依山傍水"，便是古人对生存条件的追求和"天人合一"哲学观的智慧体现；俗语"一方水土养一方人，一方山水有一方风情"，则体现不同地理位置、物候环境使人的思想观念、生活方式、行为习惯、社会风俗等各具特色。总之，"水"要素被

---

❶ 生卒年不详，姓李名耳，字聃，春秋末期人。

❷ 出自老子《道德经·道经第二十五章》。释义：人必须遵循地的规律特性，地的原则是服从于天，天以道作为运行的依据，而道就是自然而然，不加造作。

❸ 公元前 369—前 286，姓庄名周，字子休，战国时期宋国蒙人。

❹ 即"冰期"，指地球覆盖着大规模冰川的地质时期。

❺ 约公元前 624—前 546，古希腊思想家、科学家、哲学家。

❻ 作者庄子，成书于公元前 369～前 286。

❼ 约公元前 313—前 238，名况，字卿，战国末期赵国人。

❽ 释义：指事物用之得当则有利，反之必有弊害。比喻民心向背决定生死存亡。

中西方思想家赋予了深刻的内涵，充分体现了古代人的智慧。

湿地作为水环境与陆环境交接的滨水空间场所，其水资源环境为人类提供饮水、捕鱼、种植、采盐和泥炭利用等功能，有关湿地的国内外文献记载，起初源于人类对生活环境的探索和农业文明的发展，人类用图文方式记录了对滨水环境的认知过程。中国滨水环境的记载由来已久，西周著名哲学著作《易经·说卦传》中记载"说（悦）万物者，莫说（悦）乎泽；润万物者，莫润乎水"[1]，将沼泽、滨水之地视为适于人类生存、滋养万物的祥和之地。中国古代百科全书《吕氏春秋·义赏》[2] 中"竭泽而渔，岂不获得，而明年无鱼"，[3] 指出对待水等自然资源取之有度，用之有节，才能实现环境可持续性发展。

中国地理名著《礼记·王制》[4] 中"司空执度度地，居民山川沮泽，时四时"[5]，记载了中国古人利用工具观测沼泽等自然环境、地理变化，并在此基础上发挥作用。后唐初十八大学士之一孔颖达[6] 疏引何胤[7] 曰："沮泽，下湿（同"湿"）地也，草所生为莱，水所生为沛。言沮地是有水草之处也。"将水草丛生之处称为"沮泽"。湿地的最早记载出自《山海经》一书，且据考证，书中提及到的关于"西海"的描述指现甘肃省张掖市黑河流域的湿地。如图1-3所示，北魏郦道元[8]《水经注》中曾描述七里海湿地（现天津）"雍奴亦薮泽之名。四面有水曰雍，澄而不流曰奴"。明代《徐霞客游记》[9] 等都有关于沼泽和湿地的描述和记载。古代人对地理环境、湿地的现实记载与描述，为日后湿地的科学、系统化研究奠定了基础，成为湿地研究中具备人文基底的中国传统人文基础性资料。

早期西方人对湿地和沼泽的认知或文字记载存在一定的特殊性和局限性，大多偏向于"那儿长满荆棘，只能吃荒野上的植物"，将其视为黑暗、危险与邪恶并存的地方，描述为未知和"令人恐惧的地方"。但西方人在长期的自然生态环境中的探索，形成了其不同于内陆地区农耕纺织的生产生活方式和生活态度，喜欢依靠个人力量创造和改变自然环境，将未知恐惧的自然环境"设计"、变化为为人服务或使用的宜居环境。

法国巴黎香榭丽舍大道始建于1616年，原始场地为法国王宫卢浮宫外的一片

---

❶ 释义：欣悦万物者没有比泽更和悦的，滋润万物者没有比水更湿润的。

❷ 作者吕不韦，成书于战国时期。

❸ 释义：放干了池水去捉鱼，岂有不获得的道理，只可惜待到明年就无鱼可捕了。比喻做事应留余地，不要只顾眼前利益，不顾长远利益。

❹ 作者戴圣（西汉），成书于战国时期。信息来源：柳锦华.《礼记·王制》与《荀子·王制》比较研究[D]. 郑州：郑州大学，2020。

❺ 释义：司空负责用工具测量土地，安置人民，观测山川沼泽的不同地市，测定四季气候的变化。

❻ 574—648，字冲远，冀州衡水（今河北省衡水市）人。

❼ 446—531，字子季，庐江灊（今安徽霍山县东北）人。

❽ 约466—527，字善长，范阳涿州（今河北省涿州市）人。

❾ 明代地理学家、旅行家、文学家徐霞客（1587—1641）所著散文游记。

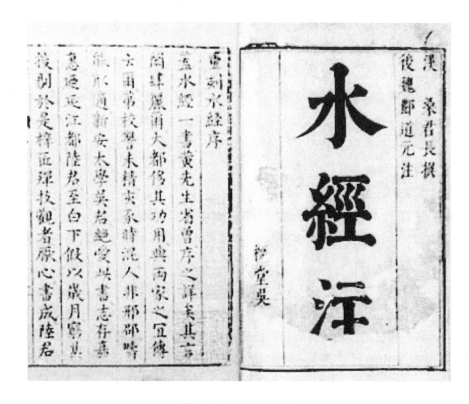

图 1-3 《水经注》图片

沼泽湿地，后被法国玛丽皇后改建成为绿树成荫的景观大道，如图 1-4 中 18 世纪的版画所示，被称为"皇后林荫大道"或"皇后跑马大道"。香榭丽舍的法语原文为"Des Champs-Elysées"，其中的"Elysées"出自希腊神话，为众神聚集居住的仙境乐土之地，辅以"Champs"的田园定义，可以定义为仙境般的田园乐土。将其翻译为"香榭丽舍"的是诗人徐志摩先生，除了"香"与"丽舍"的直译，尤为称道的是画龙点睛的"榭"字，用以阐释建筑在高台、水面或邻水的木屋，声、味、观感俱全地欣赏周边的环境美景，而一字带过土地过往的湿地历史。

王宫外的沼泽田地历经发展建设形成当下闻名遐迩的香榭丽舍大道，这里是法国国庆大阅兵之地，是著名的高级商业街区，香榭丽舍大道被誉为"世界上最美丽的大街"。如图 1-5 所示，王宫外的沼泽地演变的香榭丽舍大道成为今天巴黎东西向历史轴线中的重要部分，由巴黎皇城卢浮宫为起点，穿过王宫后花园杜乐丽，站在香榭丽舍大道东段的协和广场可以直视大道西段的凯旋门所在地——星型广场（即戴高乐广场）以及城市最西段的拉德芳斯新区。新老凯旋门在巴黎东西向历史轴线上遥遥相望，而香榭丽舍大道最西段的星型广场组合周边的 12 条放射性道路是城市规划领域的广场组合放射性道路的最根本起源，香榭丽舍大道则是放射性道路布局的初始，一切皆以湿地沼泽为渊源。

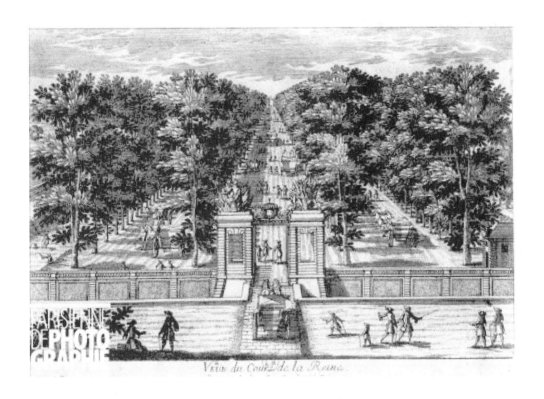

图 1-4　皇后林荫大道 18 世纪版画

图片来源：法国国家图书馆馆藏，B. N. F. RV-607825。

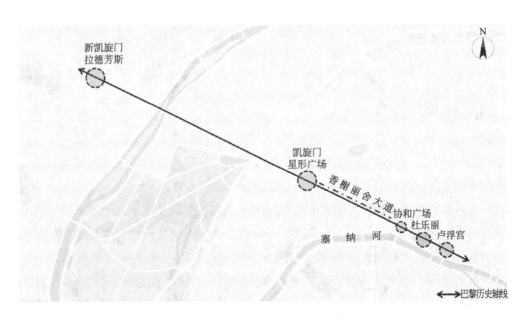

图 1-5　法国巴黎历史轴线（宫瑞绘）

1.3 湿地研究进程

1.3.1 国外相关研究

湿地研究涉及多个学科，近二十多年来围绕湿地系统而展开的研究发展迅速。国外针对湿地的认识和研究，源于湖沼学和沼泽学。

J. 莱兰德（J. Leland）撰写的《旅行游记（1535—1545）》，被认为是欧洲国家对湿地研究的最早著作。他认为沼泽由森林演变而来。

西方湿地进程自 17 世纪末起，初始为湿地领域的孕育期，随后的 18～19 世纪为发展期，至此欧洲多名学者在其所著书籍中分别总结、阐述了沼泽的形成、演变与分类，沼泽的开发与利用等，由此奠定了湿地研究理论的基础，为湿地科学的创立期。20 世纪初，基于工业革命之后的科学研究方法和科学技术的广泛应用，湿地研究基本形成一门独立的学科，湿地学建立并进入发展期。

1971 年 2 月，来自全球 18 个国家的代表在伊朗的拉姆萨尔召开的湿地及水禽保护国际会议上签署了《关于特别是作为水禽栖息地的国际重要湿地公约》（或称《拉姆萨尔公约》，以下简称《湿地公约》）。

国际生态学协会（International Association of Ecology，简称 INTECOL）及湿地工作组组织的国际湿地会议已成功举办了多次，每四年举办一次，世界湿地领域的顶级专家学者及管理人员相聚于此。该会议是湿地科学与应用领域最具影响力的全球性会议。第一届国际湿地会议于 1982 年在印度召开，2016 年的第十届国际湿地会议由中国常熟市承办，标志着全球湿地科学研究进入蓬勃发展期。至此，国际湿地会议成为湿地科学与应用领域最大且最具影响力的国际性会议。

1986 年 W. J. 米茨（W. J. Mitsch）和 J. G. 戈瑟林（J. G. Gosselink）合著的《湿地》（*Wetlands*）一书出版，成为当今湿地研究领域最综合、最全面的权威著作，影响深远。2000 年 8 月在加拿大魁北克举办了"魁北克 2000-世纪湿地大事件活动"（Quebec 2000-Millennium Wetland Event），会上通过专题学术论文报告总结国际科学湿地前沿研究与发展趋势，规模宏大，在世界湿地科学发展历史上具有里程碑的意义。

美国是当今世界湿地研究较先进的国家，但起步时间并不早。美国对湿地的研究始于 19 世纪末，H. C. 考尔斯（H. C. Cowles）和 E. N. 特兰索（E. N. Transeau）等学者研究了美国北部的淡水湿地和泥炭地，并介绍了欧洲和苏联的沼泽与泥炭研究成就。20 世纪 50～60 年代，由于美国经济重心的转移和快速发展，沿海湿地生态和相关自然资源受到破坏，美国开展全国湿地资源调查、湿地编目及相关理论研究。80 年代之后的 15 年内，美国湿地研究进入蓬勃发展时期，注重湿地保护，尤其是湿地政策与立法方面的研究。1981年，美国《湿地》（*Wetlands*）杂志创刊，后逐渐发展成为国际性学术期刊，在湿地研究领域占有举足轻重的意义（表1-2）。

表1-2 国外湿地研究进展

时间	事件
17世纪末	湿地科学孕育期
18～19世纪	湿地科学创立期
19世纪末	美国学者对美国北部的淡水湿地和泥炭地进行研究
20世纪初	湿地科学基本形成一门独立学科，并进入发展期
20世纪50～60年代	美国开展全国湿地资源调查，湿地编目及相关理论研究
1971年	18个国家代表在伊朗拉姆萨尔签署《湿地公约》
20世纪80年代	美国湿地研究进入蓬勃发展时期，着重研究湿地政策与立法
1982年	在印度召开第一届国际湿地会议
1981年	美国《湿地》（*Wetlands*）杂志创刊，是湿地领域最重要的国际性学术期刊
1986年	W. J. 米茨（W. J. Mitsch）和 J. G. 戈瑟林（J. G. Gosselink）合著的《湿地》（*Wetlands*）一书出版
2000年	加拿大魁北克举办"魁北克2000-世纪湿地大事件活动"

1.3.2 国内相关研究

由于中国古代地理书籍中关于的湿地的记载多指向形态特征的客观描述，并未形成系统而科学的湿地理论体系，湿地科学研究起步较晚。如表1-3所列，按照中华人民共和国成立后的时间轴线，具体时期可划分为中华人民共和国成立后、改革开放后、21世纪后三个主要阶段，相关时期的重要事件一并梳理对比。

表1-3 国内湿地研究进展

阶段	时间	事件
新中国成立后	1958年	中国科学院长春地理研究所成立，以沼泽为重点研究对象
	1965年	中国科学院青海盐湖研究所成立，成为中国专项研究盐湖的科研机构
改革开放后	1979～1984年	国家海洋局组织实施对全国海岸带和海涂资源的调查
	1990年	中国第一位海外生态学博士陆健健出版《中国湿地》
	1992年	中国正式加入《湿地公约》，成为该组织的第67个成员国
	1994年	编制和发布《中国21世纪议程》

续表

阶段	时间	事件
改革开放后	1995 年	林业部组织全国湿地资源调查工作
		中国林业出版社出版《中国 21 世纪议程林业行动计划》
		《中国湿地研究》出版,中国科学院湿地研究中心成立
	1998 年	中国生态学学会湿地生态专业委员会成立
21 世纪后	2001 年	首次将欧美理论、研究方法及技术体系运用至中国湿地实践
	2003 年	中国科学院东北地理与农业生态研究所创建的《湿地科学》创刊
	2009 年	国家湿地科学技术专家委员会成立,《中国湿地保护行动计划》颁布
	2010 年	正式颁布《湿地分类》国家标准
	2016 年	中国湿地论坛(第一届)暨中国生态学学会湿地生态专业委员会年会召开

中华人民共和国成立后,中国科学院长春地理研究所❶于 1958 年成立,重点研究沼泽,旨在为新中国农业综合发展提供科学依据。1965 年 3 月,以盐湖为专项研究的科研机构——中国科学院青海盐湖研究所成立,进行中国盐湖资源的调查,构建起中国盐湖研究的理论体系。中国科学院长春地理研究所、中国科学院青海盐湖研究所等均隶属于中国科学院,中国科学院等相关科研机构与部分高等院校,如东北师范大学、华东师范大学、南京大学、厦门大学、中山大学等共同开展湿地及其资源状况的调查与研究,奠定了中国湿地研究的基础。

改革开放后,中国湿地研究进入了一个全新的阶段,以“湿地”为基础的专项研究从 20 世纪 80 年代在全国范围内兴起。1979～1984 年,中国国家海洋局组织实施了全国海岸带和海涂资源调查,摸清了沿海湿地的基本情况。中国第一位海外生态学博士陆健健教授参与编写《亚洲湿地名录》(1989)并以此为基础,于 1990 年出版了《中国湿地》一书,首次较系统地描述了中国的大部分湿地类型和基本状况。1992 年 7 月 31 日,中国正式加入《湿地公约》组织,成为该组织的第 67 个成员国。1994 年,中国针对联合国环境与发展大会通过的《21 世纪议程》,编制和发布符合本国国情的《中国 21 世纪议程——中国 21 世纪人口、环境与发展白皮书》(简称为《中国 21 世纪议程》),并将湿地资源纳入中国自然资源保护与可持续利用、生物多样性保护体系中。1995 年原林业部开始组织全国湿地资源调查工作。同年 6 月,在林业出版社出版的《中国 21 世纪议程林业行动计划》中,针对湿地生物多样性和野生动植物保护提出了明确的目标和行动指南;同年《中国湿地研

---

❶ 2002 年,中国科学院长春地理研究所与原中国科学院黑龙江农业现代化研究所组建为中国科学院东北地理与农业生态研究所。

究》的出版和中国科学院湿地研究中心❶的成立标志着湿地研究进入了一个新的阶段。1998 年中国生态学学会湿地生态专业委员会成立，致力于湿地研究、保护和合理利用的学术研究。中国针对湿地状况、问题等相关方面的研究趋于系统化。

步入 21 世纪后，中国湿地科学发展迅速，针对海绵城市、生态湿地公园的建设活动持续开展。2000 年林业出版社出版了《中国湿地保护行动计划》，成为中国实施湿地保护和管理的行动指南。2001 年，首次将欧美地区的环境管理与景观规划中的理论、研究方法及技术体系运用至中国辽河三角洲滨海湿地的景观规划实践中，开创了中国湿地景观研究、设计与开发的先河。2003 年，中国科学院东北地理与农业生态研究所主办的《湿地科学》创刊，成为中国湿地研究领域的第一个专业性学术期刊。2009 年，国家湿地科学技术专家委员会成立，成为中国湿地领域最高决策咨询机构；同年 11 月《中国湿地保护行动计划》的颁布成为中国湿地保护和管理工作的一个重要里程碑；12 月，国家标准《湿地分类》（GB/T 24708—2009）发布，为中国湿地类型的划分提供了标准和依据。2016 年 12 月，中国湿地论坛（第一届）暨中国生态学学会湿地生态专业委员会 2016 年年会在福建省泉州市召开，引起了中国湿地领域专家学者的广泛参与，参会的学术报告数量创新高，有效推动了中国湿地科学的研究水平。此后，该论坛每一年举行一次，截至 2020 年，已成功举办五届。这一阶段，中国持续开展湿地的研究与保护工作，掀起了生态湿地研究的热潮。

20 世纪中期至 21 世纪末国内外对湿地的探究，逐渐转向科学系统化，在多层次、多领域丰富湿地研究理论，为湿地的开发、建设与管理提供理论支持。但人类社会发展建设的同时带来了一系列生态环境保护问题，需协调好城市发展建设与生态环境保护的关系，梳理好城市湿地的现状以及相关系列的问题，作为空间环境的使用者必须清楚认识湿地在新时代发展背景下所面临的机遇和挑战。

1.4 湿地现状

1.4.1 湿地与城市建设

在人类发挥能动作用谋求社会经济发展和城市建设的同时，城市区域的自然湿地会不可避免地被分割与破坏，城市发展建设对湿地自然生态环境生境系统造成干扰，使之趋于失衡，导致城市自然湿地被"肢解"，形成零散、点状式布局，慢慢丧失掉湿地生境。伴随着绿色城市、低能源消耗的城市建设浪潮，随之而来的是城市自然湿地的修复与人工湿地的建设。

城市建设进程中逐步"瓦解"自然湿地。城市扩张、产业发展、人口膨胀等

---

❶ 挂牌于中国科学院长春地理所（今中国科学院东北地理与农业生态研究所）。

促使城市进行基础设施、交通设施、公共设施的建设，占用大量自然资源和土地资源，加之部分开发商无视法规地开发与改造，破坏了湿地整体系统的生态性，在城区中形成不均匀、孤岛式的块状湿地，湿地功能持续下降甚至丧失。区域内的气候调节作用下降，加重城市热岛效应。此外，城市现代化工厂的排污排渣，致使近海、河、湖湿地中含氮和含磷物质超标，湿地生态环境遭到严重的破坏，湿地资源数量和质量下降。城市下界面的不透水性造成雨水消纳作用力低下，导致城区内出现洪涝灾害，湿地生态系统环境承载超负荷。如何在城市建设中协调城市湿地的生态可持续性发展，是当下城市规划和城市化推进过程中不容忽视的问题。

位于湖北省武汉市中心城区的东湖，清朝时，因与武昌市其他湖泊相通并与长江相连，水患频繁发生；后 1899～1902 年，湖广总督张之洞❶下令在长江与东湖之间修建武金堤和武青堤，并在堤防上修建武泰闸和武丰闸。经过人工干预，东湖及其周边的湖泊与长江分离。步入 21 世纪后，为满足城市基础设施建设及人口扩张的用地需求，武汉市的滩涂、湖泊、湿地等被填占，面积逐渐缩小，仅 2002～2012 年间，武汉市湖泊数量由 200 多个减少至约 160 个，其中，消失最快的是中心城区，由中华人民共和国成立初期的 127 个湖泊仅保留至 38 个，且湖泊的水质遭到污染，已不适宜人类进行游泳等亲水性活动，而湖体中的鱼类等生物群落也已无人敢食用。2008 年，国家林业局批准武汉东湖为国家级湿地公园建设试点单位。2012 年、2013 年，武汉市发布《中心城区湖泊"三线一路"保护规划》，划定湖泊水域保护面积"蓝线"、湖泊绿化"绿线"、外围控制范围"灰线"及环湖道路，对武汉市湖泊保护工作具有重要的历史性意义。2014 年由于武汉中心城区进一步扩大，东湖成为在武汉市江夏区汤逊湖之后的中国第二大城中湖，并于同年 12 月，通过国家林业局的验收正式成为国家湿地公园，同时作为武汉的旅游核心区，水域面积约 33km²，协调统筹发展城市与生态建设。东湖国家湿地公园基于生态城市宏观建设背景而开展，以发展生态旅游为主，统筹湿地生态教育、湿地生态艺术文化活动等，将湿地功能、价值发挥至最大化，成为中国城市湿地开发、建设、发展的典范。

2016 年 7 月，武汉因强降雨天气发生洪涝灾害。城市建设与人类的生产生活给自然生态增添了巨大的压力，环境承载力不断下降、自然调蓄能力不足、城市排水排涝能力不足，是致使灾难发生的主要原因。因此，城市建设统筹协调自然生态环境是尤为重要的问题。如图 1-6 所示，同样作为城中湖的武汉市南昌区的沙湖，2000 年与 2016 年的湖泊面积对比不断缩小，填湖开发，自然湖泊被"硬质"建筑包围和挤压，城市建设用地不断侵占自然环境，引发的问题层出不穷。

---

❶ 1837—1909，字孝达，号香涛，清代洋务派代表人物。

(a) 2000年   (b) 2016年

图1-6 2000年与2016年武汉沙湖对比

1.4.2 湿地与生态环境

湿地作为地球生态系统中的重要要素，与生态系统内其他要素相互作用，循环协调、共同发展。但在20世纪后半叶开始，全球性环境问题日益突显。近代工业文明，特别是石油化工燃料的大量消费与不可降解塑料等石油化学产品的使用带来了环境的破坏与污染，过去从未在自然界中大量分散的化学制品（环境荷尔蒙❶）等，已经形成了超越国境的全球性环境问题。其中具有代表性的十项分别为湿地的减少与功能下降、臭氧层的破坏、全球气候变暖、酸雨、森林砍伐、沙漠化、海洋污染、野生动物的减少、发展中国家的公害问题、有害废弃物的越境移动，具体内容如下。

（1）湿地的减少与功能下降　湿地大量丧失直接导致淡水存蓄量减少，地下水补充减少，水资源危机加剧。如洞庭湖损失库容119亿立方米；鄱阳湖损失库容80亿立方米；湖北省1949年以来每年平均消失5个湖泊；黑龙江三江平原湿地面积骤减，87亿立方米地表水随之流失。

（2）臭氧层的破坏　1978年科学家在南极上空发现臭氧层空洞问题，大气污染和破坏问题引起人们的关注。臭氧层破坏致使紫外线增强，加剧全球气候变暖现象。根据美国能源与环境研究所的报告，臭氧层厚度减少25%将导致水面附近的初级生物产量降低35%，臭氧层破坏将影响湿地水生动植物的繁殖与生长。此外，极端天气的产生对人类生产生活造成困扰，如2019年9月，由于东非沿海一带降水量的增加，蝗虫自然繁殖生长速度快，发展成为跨越地域的大型自然灾害——蝗

---

❶ 又称为环境激素，1996年由美国记者安·达玛诺斯基所著的《被夺去的未来》一书中首先提出。指工业生产和人类生活释放至环境，影响人类及其他生物正常生理激素的物质。

虫灾害。

（3）全球气候变暖　气候变暖带来最直观的影响为气温和降雨量的变化，以及对生物物种的影响。化石燃料经燃烧后，排放出大量的二氧化碳（CO_2），致使大气中的二氧化碳浓度逐年增加。正是由于这些二氧化碳，地球的平均气温超乎往年，急速上升。喜马拉雅冰河与南极冰川开始解冻，引发全球海平面上升，生态系统也开始呈现出异常状态。一旦到达严重程度，将对全球沿海城市造成毁灭性伤害，打破生态系统的生物链，破坏生物圈。

（4）酸雨　酸雨的形成与人为地向空气中排放二氧化硫（SO_2）、氮氧化物等酸性气体有较大关系。酸雨会导致水环境与土壤的酸化，进而对关联的生态系统中的浮游生物、水生植物的生长发育产生影响，改变整个水生生态系统。

（5）森林砍伐　森林是陆地生态系统的支柱，是地球三大生态系统之一，具有净化空气、调节气候、涵养水土和维持生物多样性等重要环境功能，因此森林被破坏所导致赖以生存发展的生物流离失所，生物链不平衡的现象必须引起人类重视。森林湿地如受到人为的采伐和破坏，会致使植物产生的二氧化碳、甲烷（CH_4）等温室气体增加，加剧全球气候变暖现象。红树林作为重要的湿地植物，具有改善空气和营造区域小气候的生态功能。但近些年来，红树林的面积急剧减少，可能进一步导致全球气候变暖的恶性循环。

（6）沙漠化　森林破坏、过度放牧、工农业发展占用土地面积，致使土地流失，土壤丧失涵养功能，逐渐造成土地沙漠化，引起沙尘暴、空气质量下降等问题。黄河源区由于植被退化，部分土地退化为次生裸地"黑土滩"，成为毫无利用价值的"废"土地，面积达到$213hm^2$（$1hm^2 = 10^4 m^2$，下同），约占黄河源区土地面积的$1/5$。沙漠化问题同样不容乐观。

（7）海洋污染　海洋交通航线与资源开发导致的海洋污染与海洋环境恶化，成为当下世界普遍关注的环境与发展问题之一。海洋污染物的排放大于海洋自净速度和能力，海洋生物的平衡也受到破坏。海洋养殖业用药对海洋造成污染，同时破坏生态海岸线，影响海洋生态系统内部的平衡。

（8）野生动物的减少　生物链与生物圈环环相扣，若制约失衡，一个物种的灭绝，会导致另一物种的过渡泛滥，造成物种侵略和过度繁衍。近些年来渤海生物种类大幅度减少，生物群同时出现小型化、低龄化的趋势，生物物种的成长周期与人类索取的速度呈反向趋势发展，必然会导致生物链的崩塌和其他物种的过度繁衍。

（9）发展中国家的公害问题　部分发展中国家盲目发展国家经济目标或追求经济提速，规避自然生态环境发展而造成工业产业公害和城市公害。如亚洲发展中国家面临的环境发展问题多为水质、大气等自然环境污染和破坏，致使生态系统失衡，影响社会、经济发展的方方面面。

（10）有害废弃物的越境移动　发达国家的有毒有害垃圾转运至发展中国家或不发达国家进行分类处理和填埋，造成有毒有害物质的泄露和土地质量的下降，降低土地营养，对人的生存健康造成影响。

环境问题是全球生态系体系中不容忽视的问题，人类必须认识到生产生活对湿地及其他空间环境的影响，必须增强命运共同体意识，以此寻求自然生态与自我的可持续发展。

第 2 章
湿地概述

2.1 湿地定义

英文"wetland"一词最早出现于 1956 年美国鱼类及野生动物管理局（United States Fish and Wildlife Service，缩写为 USFWS 或 FWS）《39 号通告》（*Circular 39*）中，根据剑桥英语词典释义"a large area of land covered with swamp or marsh"，译为"湿地、沼泽地"。"wetland"由单词"wet""land"组成，翻译为中文并组合可理解为"湿的、潮湿的""土地"，由此可简单理解为"水＋土地"构成了湿地的基础要素，同时，湿地的形象也应运而生。1994 年东北林业大学出版社出版的《生态学词典》中对"湿地"的描述为"湿地（marsh，moor，fen，bog，quagmire，swamp，muskeg，mose）沼泽地"。其中，moor 为湿原（中国无"湿原"一词，湿原以及低层湿原、中层湿原、高层湿原为日语直译，根据字面意思可以理解），包括低层湿原（富养沼泽、低位沼泽）、中层湿原（中养沼泽、中位沼泽）、高层湿原（贫养沼泽、高位沼泽）；"swamp"是生长着矮乔木和高乔木的充满水的沼泽地；"quagmire"是泥泞的泥沼；"marsh"是在开阔水域中生长着草本植物的湿地；"bog"是广阔的沼泽地、湿地、湿原的广义用语，也有仅限于泥炭藓湿原的语义；"fen"是生长着草本植物的湿地；"muskeg"是泥炭藓湿原；"mose"则与"bog"同义。"湿原"一词是"湿地"的关联性词语，与湿原相比，湿地所代表的范围更广泛，其包含了湖、沼泽、地下水系、水塘、藻场以及珊瑚礁等。因此，湿地的定义范围广阔，其适用范围与对应状况也变得多种多样。

2.1.1 《湿地公约》中对湿地的定义

国际上现已统计的针对湿地的定义近 60 种，根据水文、地质、土壤、生物等学科领域与研究侧重点的不同，湿地的定义有所不同。目前，国际上被广泛接受的湿地定义为 1971 年《湿地公约》中的定义。《湿地公约》中第一条第一项对湿地进行了明确的定义：在本公约中，湿地是指天然或人工、长久或暂时的沼泽（marsh）、湿原（fen）、泥炭（peatland）或水域地带（浅水湖泊、河流、泛洪区等），包括静止或流动的淡水、半咸水（brackish）或咸水（salt）水体，以及海洋和低潮时水深不超过 6m 的浅海水水域（marine water）。（For the purpose this Convention wetlands are areas of marsh, fen, peatland or water, whether natural or artificial, permanent or temporary, with water that is static or flowing, fresh, brackish or salt, including areas of marine water the depth of which at low tide does not exceed six metres.）

《湿地公约》所制定的国际重要湿地标准如下。

① 如果一块湿地包含在一个适当的生物地理区域内称得上典型、稀有或独一无二的自然或近自然的湿地类型，就应被认为具有国际重要意义。（A wetland should be considered internationally important if it contains a representative, rare, or unique example of a natural or near-natural wetland type found within the appropriate biogeographic region.）

② 如果一块湿地支撑着易危、濒危、极度濒危物种或受威胁的生态群落，就应被认为具有国际重要意义。（A wetland should be considered internationally important if it supports vulnerable, endangered, or critically endangered species or threatened ecological communities.）

③ 在生物地理区中，对维持生物多样性起到支撑作用的重要动植物所在的湿地应被认为具有国际重要意义。（A wetland should be considered internationally important if it supports populations of plant and/or animal species important for maintaining the biological diversity of a particular biogeographic region.）

④ 支撑动植物生命周期的重要阶段的湿地，或者在非常恶劣条件的时期中，能够成为动植物避难所的湿地。该湿地应被认为具有国际重要意义。（A wetland should be considered internationally important if it supports plant and/or animal species at a critical stage in their life cycles, or provides refuge during adverse conditions.）

⑤ 定期地支撑 2 万只以上水鸟生存的湿地应被认为具有国际重要意义。（A wetland should be considered internationally important if it regularly supports 20, 000 or more waterbirds.）

⑥ 在水鸟的一个种类或者一个亚种的个体群中，定期地支撑个体数 1% 以上的水鸟生存的湿地应被认为具有国际重要意义。（A wetland should be considered internationally important if it regularly supports 1% of the individuals in a population of one species or subspecies of waterbird.）

⑦ 如果一块湿地栖息着本地鱼类的亚种、种、科的绝大多数。而且其生命周期的各阶段以及种间和/或种群间的关系对湿地效益和/或价值具有代表性，并因此对世界的生物多样性起到了一定贡献，则该湿地应被认为具有国际重要意义。（A wetland should be considered internationally important if it supports a significant proportion of indigenous fish subspecies，species or families，life-history stages，species interactions and/or populations that are representative of wetland benefits and/or values and thereby contributes to global biological diversity. ）

⑧ 如果一块湿地可作为鱼类的一个重要食物场所，并且是湿地内或其他地方鱼群依赖的产卵场、育幼场和/或洄游路线，那就应被认为具有国际重要意义。（A wetland should be considered internationally important if it is an important source of food for fishes，spawning ground，nursery and/or migration path on which fish stocks，either within the wetland or elsewhere，depend. ）

⑨ 如果一块湿地定期栖息着依赖湿地的非鸟类动物的种或亚种，其个体数量占该种群个体数量的 1% 以上，则该湿地应被认为具有国际重要意义。（A wetland should be considered internationally important if it regularly supports 1% of the individuals in a population of one species or subspecies of wetland-dependent non avian animal species. ）

注：鱼类所指的是鱼、虾、蟹以及贝类。

2.1.2　各国对湿地的定义

各个国家针对本国湿地资源情况，设定国家的湿地定义及标准，以下分别为中国、美国、法国和日本对湿地的定义。

（1）中国湿地定义　1987 年中国第一部保护自然资源和自然环境的宏观指导性文件——《中国自然保护纲要》中指出"现在国际上常把沼泽和滩涂合称为湿地"。2017 年 12 月 5 日经原国家林业局第 48 号令修改后的《湿地保护管理规定》第二条中对湿地进行了明确的定义——"本规定所称湿地，是指常年或者季节性积水地带、水域和低潮时水深不超过 6 米的海域，包括沼泽湿地、湖泊湿地、河流湿地、滨海湿地等自然湿地，以及珍贵、濒危野生动物栖息地或者重点保护野生植物的原生地等人工湿地。"并以此为基础，指导、开展全国湿地及其资源的生态保护、修复和可持续发展等方面的具体工作和管理工作。

（2）美国湿地定义　1956 年美国鱼类及野生动物管理局在《美国的湿地：对水禽和其他野生动物的影响及其价值》（*Wetlands of the United States：Their Extent and Their Value to Waterfowl and Other Wildlife*），即《39 号通告》中将湿地定义为"被间歇的或永久的潜水层覆盖的土地"。1979 年该管理局在《美国的湿地及其深水生境分类》（*Classification of Wetlands and Deepwater Habitats of the United States*）研究报告中将湿地内涵重新界定，认为"湿地是处于陆地生态系统和水生生态系统之间的转换区，该土地水位经常存在或接近地表，或者为浅水所覆盖"（"Wetlands are lands transitional between terrestrial and aquatic systems where the water table is usually at or near the surface or the land is covered by shallow water."），并提出湿地具备的三个特点——"①土地至少周期性地支持水生植物；②土壤基底主要为不排水的水成土壤；③基底为非土壤的，至少在每年生长季节的某个时间被水或被浅水覆盖。"（"For purposes of this classification wetlands must have one or more of the following three attributes：①at least periodically, the land supports predominantly hydrophytes；② the substrate is predominantly undrained hydric soil；and ③the substrate is nonsoil and is saturated with water or covered by shallow water at some time during the growing season of each year."）。这一概念为美国湿地的分类和综合详查提供了依据。国际湿地保护联盟执行主席、国际生态工程学会（International Ecological Engineering Society，IEES）主席、美国佛罗里达海湾大学大沼泽湿地研究中心主任 W. J. 米茨（W. J. Mitsch）教授在与 J. G. 戈瑟林（J. G. Gosselink）合著出版的 *Wetlands* 一书中从自然地理学的角度指出"湿地是一种介于纯陆地生态系统与纯水生系统之间的生态环境，既不同于，又依赖于陆地与水体环境"（"a wetland is an environment，at the interface between truly terrestrial ecosystems...and truly aquatic systems...making them different from each yet highly dependent on both"）。

（3）法国湿地定义　法国环境法典《水法》（*Water Act*）中将湿地定义为"已被开发或未被开发的，永久性或暂时性充满淡水或者咸水的土地"。

（4）日本湿地定义　湿地在日本一般被称为"干潟"（gān xì）。《广辞苑日语词典》将其解释为"潮浸区，在浅海滩，退潮时露出海面的地方"[1]。日本环境省（Ministry of the Environment）将其内涵定义为：干潟，潮浸幅度在 100m 以上，潮浸面积在 1 万平方米以上的砂、碎石、沙、泥等基础地区。但由于日本领土狭长而四周环海，多数内陆湖泊延伸至海洋，因此，干潟通常指日本的滨海湿地。

2.1.3　生态湿地的定义

目前，国际上暂无针对"生态湿地"这一概念的准确定义，"生态湿地"从语义来理解，可从"生态"与"湿地"两个词语进行分析。中国南朝梁[2]萧衍[3]所写

---

[1] 新村出广辞苑.6 版.上海：上海外语教育出版社.2020。
[2] 南朝梁，即梁朝（502—557），中国南北朝时期的南朝第三个朝代，由雍州刺史萧衍取代南齐称帝，定都建康（今江苏省南京市），国号梁。
[3] 萧衍，南朝梁武帝（464—549），字舒达。

《筝赋》"丹荑成叶，翠阴如黛。佳人采掇，动容生态"中提及的"生态"一词仅用以形容采花女子自然、生动、美好的姿态，在其他古诗文中也有形容生物活泼生动的涵义，但并无生态理念与科学的语义。1866 年，德国科学家海克尔❶在其出版的《生物体普通形态学》（Generelle Morphologie der Organismen）专著中首次提出"生态学"的概念。"生态学"英文"ecology"一词，源于两个希腊词"oikos"（房屋、住所）、"logos"（研究）。国内学术领域直至 1930 年，武汉大学的张珽❷在其出版的《植物生态学》❸一书中将"生态学"一词引入国内。

海克尔认为，作为一个生物学名词，"生态"指的是生物群落的生存状态，包括一个生物群落与其他生物群落的关系，以及与生态环境的关系。1935 年，英国学者坦斯利（Tansley）提出"生态系统"（ecosystem，ECO）的概念，开始从更宏观的角度认识自然生态环境。1987 年，世界环境与发展委员会（World Commission on Environment and Development，简称 WCED)❹在题为《我们共同的未来》（Our Common Future）的报告中正式提出了可持续发展的模式。因此，"生态湿地"可以理解为基于景观生态学、生态可持续发展及其设计理念，针对湿地系统及其要素的关系开展的理论及实践研究。生态湿地从景观生态学角度分析和理解，由全球引发的环境问题切入关注生态景观中湿地这一兼顾水陆系统的土地形式，强调生态景观系统及其系统内部各要素与人类社会的相互作用关系；从可持续设计发展理念的角度分析和理解，湿地本身作为自然、绿色生态系统，强调关注湿地的生态系统性与人类生产生活活动的社会性、文化性统筹共生的关系，重点关注自然与人的"生命周期"。

2.2 湿地分类

2.2.1 《湿地公约》分类

《湿地公约》将湿地分为自然湿地和人工湿地两大部分，自然湿地包括海洋、海岸湿地和内陆湿地，共涵盖 32 种湿地型；人工湿地包括水产池塘，水塘，灌溉地，农用泛洪湿地，盐田，蓄水区，采掘区，废水处理场所，运河、排水渠，地下输水系统共 10 种湿地型。湿地类型的公约制定代码及说明如表2-1 所列。

---

❶ 恩斯特·海因里希·菲利普·奥古斯特·海克尔（Ernst Heinrich Philipp August Haeckel, 1834—1919)，德国动物学家和哲学家，将达尔文的进化论引入德国并在此基础上继续完善了人类的进化论理论。
❷ 张珽（1884—?），中国近代植物学的先驱、植物生态学的奠基人之一。
❸ 张珽，董爽秋. 植物生态学. 广州：广州蔚兴印刷厂，1930。
❹ 通称联合国环境特别委员会或布伦特兰委员会（Brundtland Commission）。

表 2-1 《湿地公约》的湿地类型分类

湿地系统	湿地类	湿地型	公约指定代码	说明
自然湿地	海洋/海岸湿地	永久性浅海水域	A	多数情况下低潮时水位小于6m,包括海湾和海峡
		海草层	B	潮下藻类、海草、热带海草植物生长区
		珊瑚礁	C	珊瑚礁及其邻近水域
		岩石性海岸	D	包括近海岩石性岛屿、海边峭壁
		沙滩、砾石与卵石滩	E	包括滨海沙洲、海岬以及沙岛、沙丘及丘间沼泽
		河口水域	F	河口水域和河口三角洲水域
		滩涂	G	潮间带泥滩、沙滩和海岸其他咸水沼泽
		盐沼	H	包括滨海盐沼、盐化草甸
		潮间带森林湿地	I	包括红树林沼泽和海岸淡水沼泽森林
		咸水、碱水泻湖	J	有通道与海水相连的咸水、碱水泻湖
		海岸淡水湖	K	包括淡水三角洲泻湖
		海滨岩溶洞穴水系	Zk(a)	滨海岩溶洞穴
	内陆湿地	永久性内陆三角洲	L	内陆河流三角洲
		永久性的河流	M	包括河流及其支流、溪流、瀑布
		时令河	N	季节性、间歇性、定期性的河流、溪流、小河
		湖泊	O	面积大于8hm²永久性淡水湖,包括大的牛轭湖
		时令湖	P	大于8hm²的季节性、间歇性的淡水湖,包括漫滩湖泊
		盐湖	Q	永久性的咸水、半咸水、碱水湖
		时令盐湖	R	季节性、间歇性的咸水、半咸水、碱水湖及其浅滩
		内陆盐沼	Sp	永久性的咸水、半咸水、碱水沼泽与泡沼
		时令碱、咸水盐沼	Ss	季节性、间歇性的咸水、半咸水、碱性沼泽、泡沼
		永久性的淡水草本沼泽、泡沼	Tp	草本沼泽及面积小于8hm²泡沼,无泥炭积累,大部分生长季节伴生浮水植物
		泛滥地	Ts	季节性、间歇性洪泛地,湿草甸和面积小于8hm²的泡沼
		草本泥炭地	U	无林泥炭地,包括藓类泥炭地和草本泥炭地
		高山湿地	Va	包括高山草甸、融雪形成的暂时性水域

续表

湿地系统	湿地类	湿地型	公约指定代码	说明
自然湿地	内陆湿地	苔原湿地	Vt	包括高山苔原、融雪形成的暂时性水域
		灌丛湿地	W	灌丛沼泽、灌丛为主的淡水沼泽，无泥炭积累
		淡水森林沼泽	Xf	包括淡水森林沼泽、季节泛滥森林沼泽、无泥炭积累的森林沼泽
		森林泥炭地	Xp	泥炭森林沼泽
		淡水泉及绿洲	y	
		地热湿地	Zg	温泉
		内陆岩溶洞穴水系	Zk(b)	地下溶洞水系
人工湿地	内陆湿地	水产池塘	1	例如鱼、虾养殖池塘
		水塘	2	包括农用池塘、储水池塘，一般面积小于8hm²
		灌溉地	3	包括灌溉渠系和稻田
		农用泛洪湿地	4	季节性泛滥的农用地，包括集约管理或放牧的草地
		盐田	5	晒盐池、采盐场等
		蓄水区	6	水库、拦河坝、堤坝形成的一般大于8hm²的储水区
		采掘区	7	积水取土坑、采矿地
		废水处理场所	8	污水场、处理池、氧化池等
		运河、排水渠	9	输水渠系
		地下输水系统	Zk(c)	人工管护的岩溶洞穴水系等

注：引自于洪贤，姚允龙，《湿地概论》，中国农业出版社，2011：8-10。

2.2.2　水域划分

按照空间角度分析，湿地可以以海水空间、陆域空间划分，陆域的水空间可细分为淡水、咸水，以及作为二者之间过渡的半咸水域空间，如图 2-1 所示。以下湿地分类以日本的湿地类型为基础进行分析。

陆水域包括淡水域和汽水域❶，淡水域中根据水有无流动，可分为流水域和静水域。流水域代表为河川和水渠。

河川是指由山谷中流出来的水聚集在一起形成并最终汇入大海的河流。日本的《河川法》中规定，一级河川（由国家管理）为 109 条水系共 13514 条河川，二级

---

❶ 汽水域（汽水），指盐度介于淡水与海水之间的水域，大多见于河海交汇处。

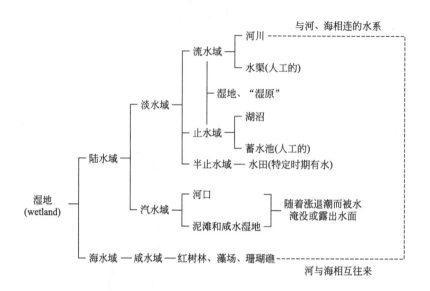

图 2-1　根据空间位置进行的湿地划分

河川（由都道府县管理）为 2650 条水系，共 6763 条河川，此外还有适用河川（有市县村管理）共 12455 条河流。由于地域的不同，同一条河川从源头到河口会出现不同的姿态，且相对应的会有不同的生物栖息其中。

水渠是以灌溉和排水为目的，为了农耕地带的发展而采用的，由人类创造并管理的水域。水渠的形态各种各样，既有承载了清澈涌水的水渠以及富营养化严重，凤眼蓝（*Eichhornia crassipes*）繁盛的水渠，也有可作为区域性景观的沟渠，如位于日本九州福冈县和佐贺县南部的筑紫平野。

静止水域的代表为湖沼和人工蓄水池。在日本境内有 500 多处以上的天然湖沼，湖沼在日本众多的国立公园❶内占据着重要的位置，且很多湖沼都成为风光明媚的场所，引人入胜。湖沼的立地条件与成因多种多样，因此，与其相对应的环境与生物变化丰富。

蓄水池则是以农业灌溉为目的的人工建造的水域，可以自由变动水位，具有和天然湖沼不同的环境条件，同时有在此生息的生物。日本有 28 万处蓄水池，在天然湖沼非常少的西日本（日本西部地区），城墙外的护城河和古坟的环沟便是静水域的典型代表，同时也是类似于蓄水池的人工水域。

水田❷是介于流水域和静水域之间的半止水域。日本人是以大米为主食而生存的民族，日本的历史就是开田（开发水田）的历史，因此日本又被称为"丰苇原的

---

❶ 国家出资建立的国有公园，可以理解为国家公园。

❷ 即有水的田地，相当于中国的稻田。

瑞穗之国"。最早水田从山谷里被渐渐开发出来，随着土木技术的发达，在平原地区河川周围的区域，开发出了广阔的湿地。当下，日本占地面积最大的湿地就是水田。但一年中有水的湿田减少，干田化加剧，导致如今只有在种田伊始与收割结束时段内有水的存在。基于水田水环境的季节变化，部分生物形成了季节性的栖息循环。

以钏路湿原❶与尾濑原❷为代表的湿原，规模大且数量多。泥炭藓繁茂的湿原与芦苇占据优势的湿原，环境与生物相的不同，导致其成因与气候条件的迥异。日本的国土被开发成水田之前，平原地区基本为芦苇繁茂的大面积低湿地。此外，丘陵地带的山谷与斜面，蓄水池的源头区域，零散地存在一些涌水的小规模湿地，虽环境不太引人注目，但正因如此才成为了具有特殊环境和生物相的重要湿地。

沿海的内湾与河口区域的泥滩，与很多水鸟的生息有着密不可分的关系，因此成为令人瞩目的湿地之一。泥滩是经过长年累月反复的涨退潮而形成的堆积大量淤泥的地方，在这样的环境下，以底生动物与附着藻类为中心的生物多样性和生产力非常高，对海产鱼类的生息起到了重要的作用。其周边由于受到海水的影响而形成咸水湿地，海韭菜（*Triglochin maritima*）、碱蓬（*Suaeda glauca*）、海乳草（*Glaux maritima*）等盐生植物占据优势。在日本西南诸岛，还分布有红树林。

湿地在水、陆域划分的基础上，按照水的盐分浓度与水位条件划分，如图 2-2 所示，可分为以高浓度盐分含量为特征的海岸性泥滩、盐湿地、半咸水域、红树林等，以及内陆的淡水性河川（河口除外）、湖沼、蓄水池、水田、湿原。

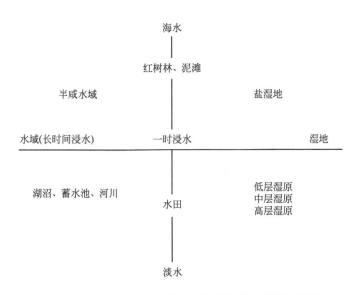

图 2-2　根据水的盐分浓度与水位条件进行的湿地分类

---

❶ 位于日本北海道东部。
❷ 日本最大的高层湿原。

2.2.3 中国体系

中国根据实际情况，参照《湿地公约》以及湿地广义的概念，在《全国湿地资源调查与监测技术规程（试行）》（林湿发〔2008〕265 号）中，将全国湿地划分为近海及海岸湿地、河流湿地、湖泊湿地、沼泽湿地以及人工湿地五大类，每大类又分为若干小类，共 34 种类型。

近海与海岸湿地包括浅海水域、潮下水生层、珊瑚礁、岩石海岸、沙石海滩、淤泥质海滩、潮间盐水沼泽、红树林、河口水域、三角洲/沙洲/沙岛、海岸性咸水湖、海岸性淡水湖 12 种湿地型。河流湿地包括永久性河流、季节性或间歇性河流、洪泛平原湿地、喀斯特溶洞湿地 4 种湿地型。湖泊湿地包括永久性淡水湖、永久性咸水湖、季节性淡水湖、季节性咸水湖 4 种湿地型。沼泽湿地包括藓类沼泽、草本沼泽、灌丛沼泽、森林沼泽、内陆盐沼、季节性咸水沼泽、沼泽化草甸、地热湿地、淡水泉和绿洲湿地 9 种湿地型。人工湿地包括库塘、运河和输水河、水产养殖场、稻田和冬水田、盐田 5 种湿地型。具体划分标准如表 2-2 所列。

表 2-2　湿地类、型及划分标准

代码	湿地类	代码	湿地型	划分技术标准
I	近海与海岸湿地	I 1	浅海水域	浅海湿地中,湿地底部基质为无机部分组成,植被盖度<30%的区域,多数情况下低潮时水深小于 6m。包括海湾、海峡
		I 2	潮下水生层	海洋潮下,湿地底部基质为有机部分组成,植被盖度≥30%,包括海草层、海草、热带海洋草地
		I 3	珊瑚礁	基质由珊瑚聚集生长而成的浅海湿地
		I 4	岩石海岸	底部基质 75%以上是岩石和砾石,包括岩石性沿海岛屿、海岩峭壁
		I 5	沙石海滩	由砂质或沙石组成植被盖度<30%的疏松海滩
		I 6	淤泥质海滩	由淤泥质组成的植被盖度<30%的淤泥质海滩
		I 7	潮间盐水沼泽	潮间地带形成的植被盖度≥30%的潮间沼泽,包括盐碱沼泽、盐水草地和海滩盐沼
		I 8	红树林	由红树植物为主组成的潮间沼泽
		I 9	河口水域	从近口段的潮区界(潮差为零)至口外海滨段的淡水舌锋缘之间的永久性水域
		I 10	三角洲/沙洲/沙岛	河口系统四周冲积的泥/沙滩,植被盖度<30%的沙州、沙岛(包括水下部分)
		I 11	海岸性咸水湖	地处海滨区域有一个或多个狭窄水道与海相通的湖泊,包括海岸性微咸水、咸水或盐水湖
		I 12	海岸性淡水湖	起源于泻湖,与海隔离后演化而成的淡水湖泊

续表

代码	湿地类	代码	湿地型	划分技术标准
II	河流湿地	II 1	永久性河流	常年有河水径流的河流,仅包括河床部分
		II 2	季节性或间歇性河流	一年中只有季节性(雨季)或间歇性有水径流的河流
		II 3	洪泛平原湿地	在丰水季节由洪水泛滥的河滩、河心洲、河谷、季节性泛滥的草地以及保持了常年或季节性被水浸润内陆三角洲所组成
		II 4	喀斯特溶洞湿地	喀斯特地貌下形成的溶洞集水区或地下河、溪
III	湖泊湿地	III 1	永久性淡水湖	由淡水组成的永久性湖泊
		III 2	永久性咸水湖	由微咸水、咸水、盐水组成的永久性湖泊
		III 3	季节性淡水湖	由淡水组成的季节性或间歇性淡水湖(泛滥平原湖)
		III 4	季节性咸水湖	由微咸水、咸水、盐水组成的季节性或间歇性湖泊
IV	沼泽湿地	IV 1	藓类沼泽	发育在有机土壤的、具有泥炭层的以苔藓植物为优势群落的沼泽
		IV 2	草本沼泽	由水生和沼生的草本植物组成优势群落的淡水沼泽
		IV 3	灌丛沼泽	以灌丛植物为优势群落的淡水沼泽
		IV 4	森林沼泽	以乔木森林植物为优势群落的淡水沼泽
		IV 5	内陆盐沼	受盐水影响,生长盐生植被的沼泽。以苏打为主的盐土,含盐量应>0.7%;以氯化物和硫酸盐为主的盐土,含盐量应分别>1.0%、1.2%
		IV 6	季节性咸水沼泽	受微咸水或咸水影响,只在部分季节维持浸湿或潮湿状况的沼泽
		IV 7	沼泽化草甸	为典型草甸向沼泽植被的过渡类型,是在地势低洼、排水不畅、土壤过分潮湿、通透性不良等环境条件下发育起来的,包括分布在平原地区的沼泽化草甸以及高山和高原地区具有高寒性质的沼泽化草甸
		IV 8	地热湿地	由地热矿泉水补给为主的沼泽
		IV 9	淡水泉、绿洲湿地	由露头地下泉水补给为主的沼泽
V	人工湿地	V 1	库塘	以蓄水、发电、农业灌溉、城市景观、农村生活为主要目的而建造的,面积不小于 8hm² 的蓄水区
		V 2	运河、输水河	为输水或水运而建造的人工河流湿地,包括灌溉为主要目的的沟、渠
		V 3	水产养殖场	以水产养殖为主要目的而修建的人工湿地
		V 4	稻田、冬水田	能种植一季、两季、三季的水稻田或者是冬季蓄水或浸湿的农田
		V 5	盐田	为获取盐业资源而修建的晒盐场所或盐池,包括盐池、盐水泉

注:根据《全国湿地资源调查与监测技术规程(试行)》(林湿发 [2008] 265 号)绘制。

2.2.4 日本体系

日本环境省所选定的"日本重要湿地 500"中设立的湿地选定标准为："湿原、盐性湿地、河川、湖沼、泥滩、红树林、藻场、珊瑚礁中，作为生物的繁衍及生息地，具有典型的或相当规模的面积的情况下，才能被选作为湿地。"针对上述所提及的湖沼、湿原、河川、泥滩、红树林、藻场、珊瑚礁等湿地类型，表2-3将进行详细阐述。

表 2-3　日本湿地分类

空间分布	水域类型	类型	特征
陆水域	淡水域	湖沼	封闭性水域
		湿原	由湖沼的砂土、植物堆积或河川由河床断流而形成
陆、海域过渡带/滨海湿地	汽水域（estuary）	河川	连接陆地与海域
		泥滩	河川河口与沿岸区域砂泥堆积而形成
海水域	半咸水域	红树林	分布于热带至亚热带的红树森林
	咸水域	藻场	水深至20m，用于养殖海草和海藻
		珊瑚礁	珊瑚聚集生长而成的浅海湿地

（1）湖沼　湖沼指被陆地等包围着的封闭性水域。由于容易引起地理位置上的隔离，因此经常有固定的种类被确认。根据湖沼含有能够被植物所利用的养分的多少划分为富养型与贫瘠型，且生育繁衍的生物种类在数量上有较大区别（图2-3）。

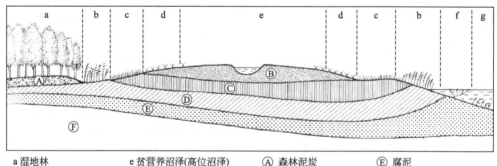

a 湿地林　　　　　　　　e 贫营养沼泽(高位沼泽)　　Ⓐ 森林泥炭　　　　Ⓔ 腐泥
b 沼生植物群落　　　　　f 浮水植物群落　　　　　　Ⓑ 泥炭藓　　　　　Ⓕ 母岩
c 富营养沼泽(低位沼泽)　g 沉水植物群落　　　　　　Ⓒ 苔草泥炭
d 中营养沼泽(中位沼泽)　　　　　　　　　　　　　　Ⓓ 芦苇泥炭

图 2-3　湖沼

图片来源：宫协昭，日本の植生，学习研究社，1977。

① 富养型。平地上比较多的富养型湖沼中，由于浮游生物比较丰富，因此像鲤鱼、鲫鱼、鳗鱼、西太公鱼等的鱼类，在此生息的比较多。水比较浑浊，颜色上

基本为黄绿色或黄色，在水比较深的地方，阳光照射不到，因此植物不能够生存。

② 贫瘠型。相对来说，贫瘠型湖沼多出现在山中。由于浮游生物比较贫弱，因此鱼类比较少。这种湖沼的水比较清澈，呈青蓝色或绿色。由于阳光能够照射到比较深的位置，因此在水比较深的地方也有植物生息着。但是，由于养分不足，沿岸的芦苇（*Phragmites australis*）以及菰（茭白）（*Zizania latifolia*）相对比较贫弱。贫瘠型湖沼中，包含一种称为腐植营养型的湖沼，广泛分布于日本中部以北地势比较高的地方至北海道地势低的地方。这种类型的湖沼，由于温度比较低，植物的遗体不能够被分解、半分解，或分解中途被堆积起来，因此形成了泥炭。另外，在湖沼外部存在大量的腐植物质，这些腐植物质吸收了湖水中的磷酸盐、硝酸盐等营养元素，植物得不到足够的营养元素，生长受到抑制。腐植营养型的湖沼，泥岸边产生污垢，水的颜色呈深茶色、浅茶色或咖啡色等。

（2）湿原　在湖沼等地由于砂土和枯死的植物长年堆积，或是在河川等地由于河床断流而形成的地方被称之为湿原。湿原可分为高层湿原、低层湿原和中间湿原三种类型（图2-4）。

(a) 高层湿原　　　　　　　　　　　　(b) 低层湿原

(c) 中间湿原

图2-4　高层、低层、中间湿原

① 高层湿原（贫养沼泽、高位沼泽）。泥炭藓中的泥炭和地表上每年枯死的泥炭藓堆积在一起，水覆盖过后，引起水位的上升，因此地下水位会高于周围地区，不能再利用地下水补给，只能由雨水进行补给，由此形成的湿原被称为高层湿原。

② 低层湿原（富养沼泽、低位沼泽）。与高层湿原相对应的，由地下水进行补给的湿原被称之为低层湿原。

③ 中间湿原（中养沼泽、中位沼泽）。在上述两种湿原中，位于中间位的被称之为中间湿原。

例如，将日本现存的湿原（日本麦氏草湿原），以植物社会学的角度进行湿原分类，能够判断出日本麦氏草（*Molinia japonica*）是在中低层湿原中占有优势的物种（图 2-5）。

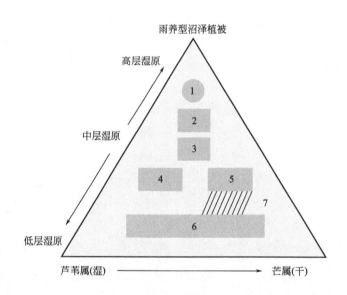

图 2-5 日本麦氏草湿原植被（冯卓婧绘）

1—肾叶睡菜，猩红薹草集群；2—高鞘薹草，日本麦氏草；3—水菊，日本麦氏草集群；

4—毛果薹草，日本麦氏草集群；5—花菖蒲，日本麦氏草集群；

6—烟管蓟，日本麦氏草集群；7—日本麦氏草—柳叶箬集群

（3）河川 河川是指陆地与海域相连接的、有水流动的地方。来往于内陆与沿岸的鱼类（鲑鱼、虾虎鱼等）以及甲壳类（河蟹等）在此生存，根据河川的横断构造，分断为上游、中游、下游和河口域。河川从源流到河口，自然环境发生变化。如图 2-6 所示为河川各个区间的景观与自然环境的特征。因此，有必要对环境资源的重要要素及其作用进行充分的理解。

上游区间（山地区域—溪谷），其中重要的环境要素为阶梯状与水池状的濑-渊构造、河畔林。溪谷区间的河川，宽度比较狭窄，河床的坡度极大。河畔林的树冠

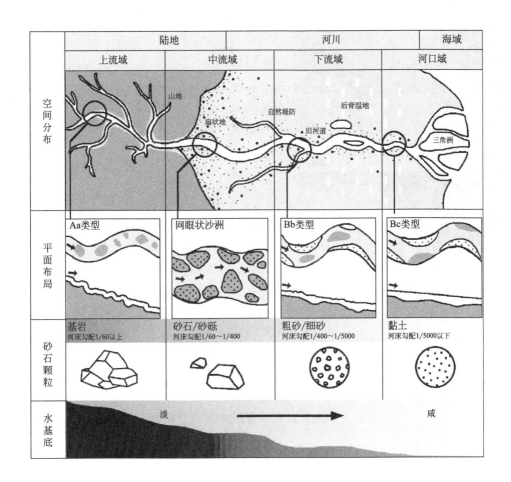

图 2-6 河川的分段

图片来源：多自然川づくり研究会，多自然川づくりポイントブック，

リバーフロント整備センター，2008。

向河面伸展，在遮挡阳光、抑制水温的同时，也提供了丰富的食饵。被称为 Aa 型的阶梯状与水池状的濑-渊构造，既有坡度比较陡、水流比较急的区间，也有相对平静、稳定的水潭区间，这为水生生物提供了重要的栖息场所。在山地区域的河川中，水流的中心部、阶梯状与水池状的濑-渊构造、水陆交接的河畔林，成为了重要的环境要素（图 2-7）。

中游区间（扇状区域），重要的环境要素为洪水导致的移动的砂土，以及河原。在扇状区域，由于河川受到比较繁茂的河畔植物的影响，与谷底的河川相比，其宽度比较小。与之相对应的是，由于洪水的侵袭，河原形成了特殊的环境要素（由于洪水定期地侵袭，河床与河岸上的材料被不断地更新，这就使得维持河原的植物不能够进行固定）。在这个区间内，当发生洪水灾害时，砂土会发生非常激烈

Aa型

深潭的大小形状各不相同

深潭　急流

小型瀑布

a.流水根据(河道基地)落差而激流满入深潭中

太田河水系(广岛县)溪谷的落差及积水区域

图 2-7　河川上游区间

图片来源：多自然川づくり研究会，多自然川づくりポイントブック，

リバーフロント整備センター，2008。

的移动。因此，比较明智的做法是只在必要的地方进行防洪，而不进行人为的细小的改造（图 2-8）。

图 2-8　日本三重县宫川

图片来源：多自然川づくり研究会，多自然川づくりポイントブック，

リバーフロント整備センター，2008。

中游区间（谷底区域），重要的环境要素为沿着山脚的蛇形曲线的河流、靠近山体的河畔林、Bb 型濑-渊构造、水边植物。河川的宽度与下游相比，比较狭窄。一般来说，河道的法线是对应谷底的形状而形成的蛇形曲线式。河岸弯曲部分外侧的水潭，是阶梯式水流流下所形成的 Bb 型濑-渊构造，其水流中心部位纵断面方向环境的异质性比较丰富。由于总体的流速比较快，流量比较大，沉没在水中的河畔植物通常是随着水流而摆动的，因此可以起到降低流速的作用，同时也成为了重要的环境要素。另外，河岸外部紧靠山体的情况比较多，河畔林的树冠可以覆盖河面，阳光照射不到河面，使得其周围的食饵比较丰富，通过光环境的变化，形成了非常适宜水生生物栖息的场所（图 2-9）。

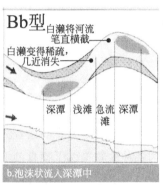

北川(宫崎县)

图 2-9　河川中游区间

图片来源：多自然川づくり研究会，多自然川づくりポイントブック，

リバーフロント整備センター，2008。

下游区间（自然堤坝区间），重要的环境要素为水边植被、芦苇原、湾道、水洼以及由于洪水而形成的水涝。进入自然堤坝区间后，水深变深，濑-渊构造由 Bb 型向 Bc 型转变，从水面上来看，可以确认阶梯式水流已经不复存在。纵断方向的变化是，从水边开始的高水位，以及在其周围分布的河畔林、湾道、水洼等的横断方向变宽，这些变化成为了重要的环境要素。沿着水边除有带状植物以及河畔林外，也有像芦苇原面积比较广的地方，且芦苇原对水生生物、哺乳动物以及鸟类而言，也是一个重要的生息场所（图 2-10）。

下游区间（从半咸水域到河口），从自然堤坝区间开始属于下游的范围，由于受到海的影响，以及潮水的涨落，形成了半咸水域。在此区间内，盐分随着潮水的涨落，与淡水相混合，在纵断方向滋生出环境的坡度。水位与盐分浓度，随着时间上的变化，为其栖息的生物提供了重要的环境要素。另外，大面积的芦苇原和菰群

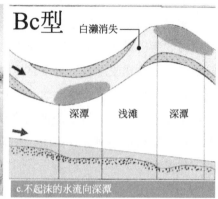

长满芦苇的河口湾(熊本县绿川)

图 2-10　河川下游区间

图片来源：多自然川づくり研究会，多自然川づくりポイントブック，

リバーフロント整備センター，2008。

落，以及受盐分影响比较大的区域中的糙叶薹草（*Carex scabrifolia*）等盐生植物为各种生物提供了栖息的场所。在河口出现的泥滩，成为从海中与河中流出的有机物与营养盐类物质交换的场所，这为高等级生物提供了食饵，成为重要的生息场所（图 2-11）。

河口湾的滩涂(潮间带)(爱知县的庄内河)

图 2-11　河川下游区间—河口

图片来源：多自然川づくり研究会，多自然川づくりポイントブック，

リバーフロント整備センター，2008。

河床湖（月牙湖），自然流水区域，因受到洪水的影响而形状不断改变。由于流路的变更，尤其是轮状河川（蛇行河川）的决口，主水路开始转变为支流化的旧河川和河床湖。支流化的旧河川，通常是河川的一端或两端连接，而与之相对的河床湖，在洪水以外的时期不与河川相连接。这两种形态，通过缓解洪水的速度，起到蓄水的作用，以及对创造出地下水、水的收支起到了极其重要的作用。在这之上的两种形态，把水与动植物种群相连接起来，为沉水植物、浮叶植物、芦苇原、杂树林等，以及水中和水边的动物种群提供了适合生存的条件（图 2-12）。

(a) 河床湖鸟瞰　　　　　　　　　　　　　　(b) 河床湖河口

(c) 河床湖湿地

图 2-12　河床湖（月牙湖）

图片来源：ドイツ国土計画研究会バイエルン州内務省建設局，

道と小川のビオトープづくり集文社，1999。

（4）泥滩　泥滩是河川的河口部与沿岸区域的砂泥堆积而成的场所。这里有以底生生物为中心的多样生物相，和以其为食饵的鸟类生息繁衍环境，对陆地上的过剩有机物有净化作用。此外，花蚬子与文蛤等双壳贝类非常丰富，人们通常在此处赶海（图 2-13）。

图 2-13　河口泥滩

（5）红树林　红树林主要指分布于热带至亚热带半咸水域的森林。红树林在东南亚作为渔场起到了重要的作用，且对预防海啸和台风起到了一定的作用（图 2-14）。

图 2-14　红树林

图片来源：宫协昭，日本の植生，学習研究社，1977。

（6）藻场　藻场通常位于水深至 20m 的海底，用于养殖海草和海藻。其具有与陆地森林相同的机能，能够供给氧气以及储存碳素。此外，藻场能够为鱼类、海龟等提供食饵，也是羊栖菜（*Sargassum fusifarme*）和石莼（*Ulva lactuca*）等食用藻类的采集场所（图 2-15）。

（7）珊瑚礁　珊瑚礁主要指从热带到亚热带浅海海域分布着的珊瑚群落。与藻场类似，具有氧气供给以及碳素储存等功能，为多样的生物栖息、繁殖、捕食等提供了重要的场所。同时经常被作为潜水场地使用（图 2-16）。

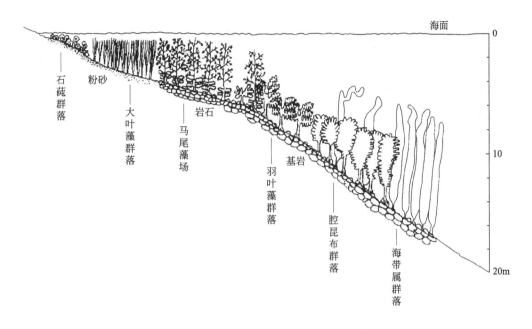

图 2-15 具有代表性的海藻场种类和结构

图片来源：水環境創造研究会，チゲーションと第 3 の国土空間づくり，共立出版，1998。

图 2-16 珊瑚礁

2.3 国际湿地概要

据联合国世界环境保护监测中心（United Nations Environment World Conservation Monitoring Centre）统计，全球湿地总面积约为 5.7 亿公顷（570 万平方千米），占全球陆地面积的 6%，从赤道到极地苔原带均有分布，且北半球多于南半球。在全球 223 个国家和地区中，加拿大、俄罗斯、美国、中国的湿地面积位居前四。其中，加拿大的湿地总面积约 1.27 亿公顷，约占世界湿地面积的 1/4，中国湿地面积为 0.536 亿公顷，位居亚洲第一。

根据世界自然保护联盟（International Union for Conservation of Nature，简称 IUCN）发布的全球湿地改善与恶化情况统计，如图 2-17 所示，六大洲所分布的湿地中，北美洲和非洲湿地的恶化情况比较严重，其他几大洲的湿地改善状况较好。由于人口数量的增长及资源需求量的增加，全球湿地变化的整体趋势为自然湿地逐渐减少（年平均损失量为 0.78%），人工湿地面积及种类逐渐增长，且人工湿地中包括由自然湿地转变而来的湿地，约占世界湿地的 12%。

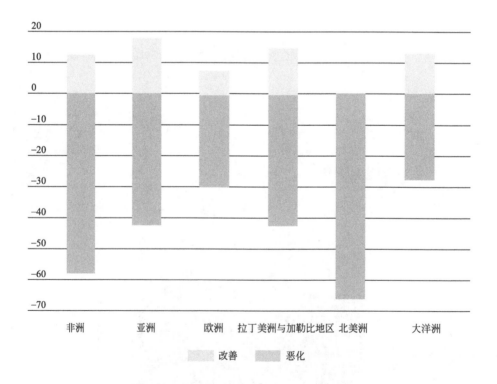

图 2-17　全球湿地改善与恶化情况（冯卓婧绘）

2020 年 11 月 11 日，《湿地公约》组织公布《国际重要湿地名录》，并指出在其缔约方会议上通过的《国际重要湿地名录未来发展战略框架和准则》内容基于"《拉姆萨尔公约》的愿景：发展和维持一个国际湿地网络"而建立，且该国际湿地网络"对保护全球生物多样性和通过湿地发挥的生态和水文功能维持人类生命至关重要。"（"Vision for *the Ramsar List*"："To develop and maintain an international network of wetlands which are important for the conservation of global biological diversity and for sustaining human life through the ecological and hydrological functions they perform."）。

《国际重要湿地名录》真正构建起了全球湿地的网络，登记在册的世界湿地除南极洲外，包括北美洲、南美洲、非洲、欧洲、亚洲和大洋洲六大洲以及 170 个缔约方的 2414 个沿海和内陆湿地，湿地总面积达 2.54 亿公顷。《湿地公约》规定："选择列入名单的湿地应以其在生态学、植物学、动物学、湖泊学或水文学方面的国际重要性为基础"（"Wetlands should be selected for the List on account of their international significance in terms of ecology, botany, zoology, limnology or hydrology."）。在六大洲中，非洲被列入《湿地公约》的湿地面积位居首位，湿地数量位居第二，共计 394 个湿地；欧洲所涵盖的湿地数量最多，共 1102 个湿地；亚洲所涵盖湿地为 332 个，位居第三。当前，欧洲的英国和北美洲的墨西哥是世界上拥有湿地网络最多的国家，数量分别为 175 个和 142 个，南美洲的玻利维亚则是受《湿地公约》保护的湿地面积最大的国家，达 0.148 亿公顷（表 2-4）。

表 2-4　《国际重要湿地名录》中的部分湿地

洲	国家	湿地数量/个	湿地面积/万公顷
北美洲	美国	41	1884.55
	加拿大	37	13086.77
	墨西哥	142	8657.06
南美洲	玻利维亚	11	14842.41
	阿根廷	23	5714.02
	巴西	27	26794.46
非洲	南非	26	563.01
	尼日尔	12	7533.43
	马达加斯加	21	2147.91
欧洲	挪威	63	909.13
	法国	50	3742.03
	德国	34	868.23
	意大利	56	73.31
	俄罗斯	35	10323.77

续表

洲	国家	湿地数量/个	湿地面积/万公顷
亚洲	中国	64	7326.95
	日本	52	154.70
	泰国	15	405.22
大洋洲	澳大利亚	66	8307.70

  根据世界自然保护联盟（IUCN）发布的《湿地公约》中湿地改善与恶化情况统计，如图 2-18 所示。六大洲被列入《国际重要湿地名录》的湿地中，非洲和拉丁美洲与加勒比地区恶化情况比较严重，但其他大洲的湿地改善状况良好。

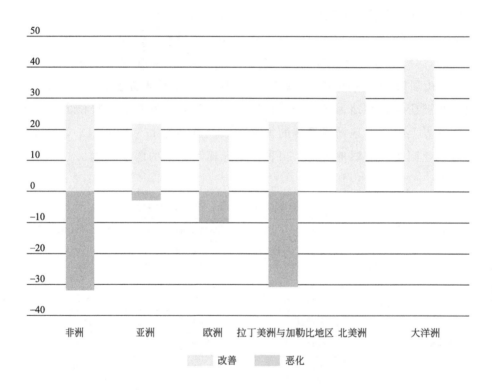

图 2-18 《湿地公约》中湿地改善与恶化情况

2.4 中国湿地概要

2.4.1 中国湿地现状

  为了全面了解和统计中国湿地及其资源状况，原国家林业局分别于 1995～

2003 年、2009～2013 年、2017～2020 年组织开展三个阶段的全国湿地资源调查，形成国家湿地资源统计数据。

1995～2003 年，原国家林业局开展中华人民共和国成立以来首次大规模的湿地全面调查，调查涵盖除台湾省、香港和澳门特别行政区外的 31 个省（22 个省、5 个自治区、4 个直辖市），占地面积为 100hm² 以上的湿地，不包括水稻田湿地。据调查资料显示，当时中国湿地的总面积为 3848.55 万公顷，约占中国国土总面积的 4.01%。具体见表 2-5。

表 2-5 中国第一次湿地调查统计（1995～2003 年）结果

湿地分类		湿地面积/万公顷	面积占比/%
全国		3848.55	
自然湿地	临海湿地	594.17	15.44
	河川湿地	820.70	21.32
	湖泊湿地	835.15	21.70
	沼泽湿地	1370.03	35.60
人工湿地	池类湿地	228.50	5.94

此次调查结果显示，中国湿地的生态系统中有 2200 种以上的野生植物、1770 种以上的鸟类以及 271 种野生动物。自然、半自然的湿地为生物种群，特别是为水鸟的生息提供了场所，使其得以安全繁衍。

由于第一次中国湿地全面调查的精度比较低，为进一步查清我国湿地资源现状、掌握湿地资源动态变化情况，2008 年 12 月 24 日原国家林业局正式启动第二次全国湿地资源调查，调查全国湿地总面积数涵盖台湾省和香港、澳门特别行政区数据，调查工作的重点内容主要包括湿地型、面积、分布（行政区、中心点坐标）、平均海拔、所属流域、水源补给状况、植被类型及面积、主要优势植物种、土地所有权、保护管理状况，河流湿地的河流级别等。2009～2012 年期间，对全国单位面积在 8hm² 及以上的湿地展开全面调查。第二次湿地资源全面调查的统计结果显示，中国湿地的总面积为 5360.26 万公顷，约占中国国土总面积的 5.58%（表 2-6）。人类活动的干预是导致湿地面积减少的主要原因。中国湿地的保护，要直面湿地资源面积减少、机能低下、威胁与压力增大、保护不足等诸多问题。

根据前两次的全国湿地资源调查结果对比分析，与第一次调查同口径比较，湿地面积减少了 339.63 万公顷，减少率为 8.82%。其中，自然湿地面积 4667.47 万公顷，占全国湿地总面积的 87.08%。与第一次调查同口径比较，自然湿地面积减少了 337.62 万公顷，减少率为 9.33%。自 2017 年开始，中国开展第三次全国土地调查，并于 2020 年完成调查，具体湿地资源统计数据暂未发布。

表 2-6　中国第二次湿地调查统计（2009～2013 年）结果

湿地分类		湿地面积/万公顷	面积占比/%
全国		5360.26（调查范围内湿地面积为 5342.06 万公顷）	
自然湿地	临海湿地	579.59	10.81
	河川湿地	1055.21	19.69
	湖泊湿地	859.38	16.03
	沼泽湿地	2173.29	40.54
人工湿地	池类湿地	674.59	12.59

中国拥有亚洲最大的湿地面积，但国土面积的占有比率却是日本的一半，不超过孟加拉国的 1/10，低于 6% 的国际平均水准。因此，中国是一个湿地面积明显不足的国家。中国湿地的总体趋势是，湿地面积逐年缩小。这样的湿地消失状况，如是在古代，主要是由于湿地受到气候、河流变迁、地质变化等因素的影响，但是在现代，则是人类的活动所导致的结果。

湿地地带是日照、温度、水量、空气等环境因素较为均衡、良好的地域，由于其地形比较低平，易于被开垦成农耕地。因此，在世界各地将湿地地带转变为农耕地的预备资源已有较长历史。中国东北部地区自 1960 年开始对沼泽和湿地进行开垦活动，与之相对应的结果是将"北大荒"变为"北大仓"，使东北三省（即黑龙江省、吉林省和辽宁省）一跃成为中国最大的商品粮食基地，但与此同时，也使得三江（松花江、黑龙江、乌苏里江）平原的湿地面积减少近 80%，从 1950 年的 530 万公顷锐减至现在的 113 万公顷，而农耕地所占土地面积由 3% 上升至 32%，增长近 9.7 倍。此外，中国临海的"海岸卫士""海洋绿肺"——红树林，面积由 2002 年全国红树林资源调查统计的 8.28 万公顷，减少至近些年的 2.9 万公顷，究其原因，是人类过度发展农业和工业的结果。

针对湿地面积逐渐减少的现状，中国开展了多项以恢复国家境内湿地为目标的活动。1992 年，中国加入《湿地公约》，并积极贯彻和履行公约使命，"保护和明智地利用湿地"，以恢复湿地为目标，开展行动。2014 年 8 月，由新华社对外部，新华社黑龙江分社主办的，联合国环境规划署（United Nations Environment Programme，简称 UNEP）、国家林业局湿地保护管理中心、湿地国际（Wetlands International）等共同协办的"美丽中国"湿地大型公益活动，在哈尔滨盛大举行。活动旨在以黑龙江省为缩影，努力带动中国各地区湿地生态保护的意识，唤醒更多的人关注和重视湿地的修复、保护与建设。

地处中国东北的黑龙江省，拥有自然湿地 514.33 万公顷，主要分布在三江平原、松嫩平原、大小兴安岭一带。在此区域内，生息着丹顶鹤、虎头海雕、白尾海雕、中华秋沙鸭等 17 种中国国家一级重点野生保护动物以及红松、紫木槿等 11 种国家重点保护的野生植物。黑龙江的湿地保护从 20 世纪 90 年代开始，2003 年时，黑龙江省出台《黑龙江省湿地保护条例》，是国内最早的关于湿地保护的地方法规。截至 2017 年，黑龙江全省湿地面积 556 万公顷，设有湿地自然保护区 138 处，湿地公园 72 处，湿地保护小区 9 处，其中扎龙湿地、兴凯湖湿地、三江（图 2-19）等 10 处湿地被列入《国际重要湿地名录》，湿地工作在全国处于领先地位。

(a) 扎龙湿地

(b) 兴凯湖湿地

(c) 三江湿地

图 2-19 扎龙湿地、兴凯湖湿地、三江湿地

近 20 年中国实施的关于湿地还原的计划和项目，可概括为以下四类。

一是水田湖的还原。水田向湖泊还原或耕地向湖泊还原的活动是中国最大的湿地还原举措，长江流域是这类活动主要实施的地区。此外，水田还湖活动的另一重点区域为城市周边。这是湿地生态系统扩展城市生态系统最有利的选择，同时也为城市提供独特的景观、发展休闲旅游产业起到了一定的作用。

二是圈地保护。建设自然保护区，将湿地圈起来保护，减少人为的影响，是还原湿地生态系统的有效方法。中国从 1980 年开始建设包含湿地生态系统的自然保护区，从进入 20 世纪 90 年代开始大力发展建设。

三是调水供给。大部分湿地退化的主要原因为水资源失去平衡。为此，保障湿地生态系统的必需用水，也是湿地还原的根本对策之一。

四是防止湿地污染的扩散与分解。水质污染是中国湿地保护面临的重要问题。第一次中国湿地全面调查的结果显示，全国 30% 的重要湿地受到了生产废水和生活污水的威胁。1980~1990 年，随着工业化、都市化进程的飞速发展，湿地污染逐年加重，大城市周边的湖泊水质大多变为Ⅳ类和Ⅴ类，甚至严重于Ⅴ类的现象时有发生。因此，必须防止湿地污染的扩散和分解，否则水质污染及有害物质的扩散会使之转变成为恶臭的湖和脏水沟，致使生态机能完全丧失。

2.4.2 中国湿地分布

中国的湿地按照地域主要分为八大区域：东北湿地、黄河中下游湿地、长江中下游湿地、杭州湾北滨海湿地、杭州湾以南的沿海湿地、云贵高原湿地、蒙新干旱湿地和半干旱湿地、青藏高原高地寒冷湿地。中国统计年鉴发布的 2020 中国分地区湿地面积统计数据显示，全国湿地总面积为 5360.26 万公顷，其中东北地区（辽宁、吉林、黑龙江）的湿地总面积为 753.57 万公顷，青藏高原地区（西藏自治区、青海）的湿地总面积为 1467.26 万公顷，其中，西藏地区湿地面积为 652.9 万公顷，青海地区为 814.36 万公顷。《国际重要湿地名录》中的中国湿地见表 2-7。

表 2-7 《国际重要湿地名录》中的中国湿地

序号	湿地名称	所在省份	列入时间	面积/hm²	序号	湿地名称	所在省份	列入时间	面积/hm²
1	东洞庭湖	湖南	1992 年	190000	13	洪河国家级自然保护区	黑龙江	2002 年	21836
2	东寨港	海南	1992 年	5400					
3	鸟岛	青海	1992 年	53600	14	惠东港口海龟国家级自然保护区	广东	2002 年	400
4	鄱阳湖	江西	1992 年	22400					
5	向海	吉林	1992 年	105467	15	南洞庭湖湿地和水禽自然保护区	湖南	2002 年	168000
6	扎龙	黑龙江	1992 年	210000					
7	米埔沼泽地及后海湾	香港	1995 年	1540	16	黑龙江三江国家级自然保护区	黑龙江	2002 年	164400
8	上海崇明东滩自然保护区	上海	2002 年	32600	17	山口红树林自然保护区	广西	2002 年	4000
9	大丰麋鹿国家级自然保护区	江苏	2002 年	78000	18	西洞庭湖自然保护区	湖南	2002 年	35000
10	内蒙古达赉湖国家级自然保护区	内蒙古	2002 年	740000	19	兴凯湖自然保护区	黑龙江	2002 年	222488
11	大连国家斑海豹国家级自然保护区	辽宁	2002 年	11700	20	盐城国家级自然保护区	江苏	2002 年	453000
12	鄂尔多斯遗鸥国家级自然保护区	内蒙古	2002 年	7680	21	湛江红树林国家级自然保护区	广东	2002 年	20279

序号	湿地名称	所在省份	列入时间	面积/hm²	序号	湿地名称	所在省份	列入时间	面积/hm²
22	碧塔海湿地	上海	2004 年	1985	45	吉林莫莫格国家级自然保护区	吉林	2013 年	144000
23	大山包	云南	2004 年	5958	46	黄河三角洲湿地	山东	2013 年	95950
24	鄂陵湖	青海	2004 年	65907	47	安徽升金湖国家级自然保护区	安徽	2015 年	33340
25	拉市海湿地	云南	2004 年	3560	48	广东南澎列岛海洋生态国家级自然保护区	广东	2015 年	35679
26	麦地卡	西藏	2004 年	43496					
27	玛旁雍错	西藏	2004 年	73782					
28	纳帕海湿地	云南	2004 年	2083	49	张掖黑河湿地国家级自然保护区	甘肃	2015 年	41165
29	双台河口	辽宁	2004 年	128000					
30	扎陵湖	青海	2004 年	64920	50	肃北盐池湾湿地	甘肃	2018 年	29876
31	福建漳江口红树林国家级自然保护区	福建	2008 年	2358	51	黑龙江友好国家级自然保护区	黑龙江	2018 年	60687
32	广东海丰湿地	广东	2008 年	11590	52	湖北网湖湿地省级自然保护区	湖北	2018 年	20495
33	广西北仑河口国家级自然保护区	广西	2008 年	3000	53	内蒙古大兴安岭汗马国家级自然保护区	内蒙古	2018 年	107348
34	湖北洪湖湿地国家级自然保护区	湖北	2008 年	43450	54	哈泥国家级自然保护区	吉林	2018 年	3572
35	上海长江口中华鲟湿地自然保护区	上海	2008 年	3760	55	南四湖	山东	2018 年	50762
36	四川若尔盖湿地国家级自然保护区	四川	2008 年	166570	56	四川长沙贡玛国家级自然保护区	四川	2018 年	669800
37	杭州西溪国家湿地公园	浙江	2009 年	325	57	西藏色林错国家级自然保护区	西藏	2018 年	1893630
38	甘肃尕海-则岔国家级自然保护区	甘肃	2011 年	247431	58	甘肃黄河寿曲湿地	甘肃	2020 年	132067
39	黑龙江南瓮河国家级自然保护区	黑龙江	2011 年	229523	59	黑龙江哈东沿江湿地省级自然保护区	黑龙江	2020 年	9974
40	黑龙江七星河国家级自然保护区	黑龙江	2011 年	20000	60	河南民权黄河故道国家湿地公园	河南	2020 年	2304
41	黑龙江珍宝岛湿地国家级自然保护区	黑龙江	2011 年	44364	61	内蒙古毕拉河国家级自然保护区	内蒙古	2020 年	56604
42	东方红湿地国家级自然保护区	黑龙江	2013 年	31538	62	江西鄱阳湖南矶湿地国家级自然保护区	江西	2020 年	33300
43	湖北沉湖省级湿地自然保护区	湖北	2013 年	11579	63	天津北大港湿地	天津	2020 年	1130
44	湖北大九湖国家湿地公园	湖北	2013 年	9320	64	西藏扎日南木错湿地自治区级自然保护区	西藏	2020 年	142982

注：来源于 2020 年 11 月发布的《国际重要湿地名录》。

中国湿地中，香港米埔沼泽及后海湾湿地（图 2-20）位于香港特别行政区西北部，总面积 1540hm²，包括天然潮间带滩涂（咸水滩涂、红树林潮间带滩涂等）与人工湿地（鱼虾池塘）两大部分，是体现自然生态环境与传统人类生产活动历史发展与演变，二者和谐共存的典范。湿地主要生物群落为红树林（330hm²）、珍稀濒危野生动植物，尤以鸟类出名，如斑鱼狗、黑脸琵鹭、牛背鹭等，于 1995 年 9 月被列入《国际重要湿地名录》。香港米埔沼泽及后海湾湿地是香港区域生态环境中的重要一环，为候鸟迁徙提供了生息地，其生态湿地的保护与管理也为中国其他滨海湿地的建设提供了借鉴意义。

图 2-20　中国香港米埔沼泽及后海湾湿地

2.4.3　中国湿地特征

中国湿地的特征为类型丰富、数量大、分布广、地域差别显著及生物多样性丰富等。

从湿地涵盖和构成类型的角度分析，中国湿地类型丰富。《湿地公约》中被明确区分出来的 32 种天然湿地和 10 种人工湿地，中国境内均有分布。包括沼泽、湖泊、河流、河口、海岸、浅滩、水坝湖、池、水田等天然湿地以及人工湿地等。其中，沼泽湿地是中国最重要的湿地类型，主要分布于东北的三江平原与大、小兴安岭与长白山等山区，其次分布于四川西北部的若尔盖高原与青海西藏高原等地区；湖泊湿地与河川湿地的面积基本相同，湖泊湿地在全国范围内均有分布，但在东部的平原地区，西北、西南的高原以及高山地区分布较多；河川湿地主要是源于密集的水系网络，主要分布于中国东部的季风气候地域，其中尤以长江与珠江等大河的中流与下流地域为多；临海湿地主要分布在沿海的 11 个省、市、区以及台湾省、香港和澳门特别行政区。

从湿地的数量及分布范围的角度分析，中国湿地数量大、分布广，且湿地生态环境多样化特征明显。截至 2017 年底的湿地统计数据显示，中国的湿地面积占国土面积的 5.6％，共建立湿地公园 1699 处，其中国家湿地公园 898 处，共建立湿地自然保护区 602 处。此外，中国被列入《国际重要湿地名录》（2020）中的湿地共计 64 处，面积达 0.073 亿公顷（具体面积为 7326952hm²）。中国自然地理环境的巨大差异，使湿地生态环境的差异性显著。

从湿地的生物群落——植物群落和动物群落的角度分析，中国湿地生物种群丰富，部分生物种群仅中国特有，在学术方面或经济方面具有重要的价值。据统计，中国约有 101 科的湿地植物，其中维管束植物约 94 科。中国湿地的高等植物种群中，有 100 种是濒危灭绝品种。在中国海岸地带的湿地，约有 8200 种生物种群（5000 种植物、3200 种动物）。在中国内陆湿地中，高等植物有 1548 种，高等动物有 1500 种以上在此生息。在中国有 770 种以上的淡水鱼，其中大部分为洄游鱼，洄游鱼利用湿地的特殊环境进行产卵并繁殖。另外，中国湿地的鸟类种类多，亚洲的 57 种濒临灭绝的鸟类中，有 31 种（54％）都在中国的湿地中栖息。全世界共有 166 种的雁鸭类，其中有 50 种（30％）的雁鸭类在中国湿地中栖息。全世界有 15 个种类的鹤，仅在中国被记录的就有 9 种。此外，还有很多种穿越国境的候鸟飞来。中国的某些湿地是世界上一些特定鸟类几乎唯一的越冬场所。例如，江西省鄱阳湖是白鹤的越冬场所，世界总数 95％以上的白鹤选择在此栖息越冬。

第 3 章
湿地生态系统的三大要素

　　湿地是一个完整的生态系统，湿地生态要素在整个系统中扮演各自的角色，在系统内循环作用与发展。湿地生态系统由非生物环境（水、土壤、气候）和湿地生物（植物、动物、微生物）两大部分共同组成。在湿地的整个生态系统中，湿地水环境和土壤是整个生态系统的基础部分，构成湿地生物生存发展的客观物质条件，湿地绿色植物是湿地生态系统的基础和湿地的生产者，湿地动物是湿地的消费者，微生物则是湿地系统的分解者，如图 3-1 所示。

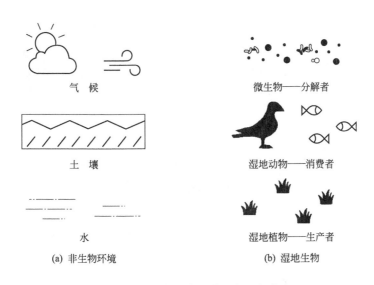

图 3-1　湿地生态系统及其要素（宫瑞绘）

3.1　湿地核心——水环境

3.1.1　水的自然净化作用

　　水体自净（self-purification of water body）是地球环境自净（environmental

self-purification）按环境要素划分的一项重要内容。湿地作为涵养水体、繁衍生物、调节与其他自然环境要素关系的重要生态系统，其水体自净通过自然、人工或二者结合的方式，以物理净化（稀释、沉降、混合等）、化学净化（氧化、还原、化合、分解、吸附、凝聚等）和生物净化（水生生物降解和吸收等）三大方面的作用来恢复受污染的水体环境或要素。其中，物理、化学净化为水体自净的主要方式，生物净化为重要途径，且较之前两种方式不易产生二次污染，具有经济成本低、易于操作等特点。

湿地的水体自净以河川为例，河川岸边及河底生存、繁衍着各种各样的生物群落，且群落的种类及其所需的食物、必要的营养源有所不同。由于以上不同，各生物群落在河川环境下相互作用，有机物被分解后，氮气作为气体还原到大气中，通过自然曝气法（aeration）❶补充水中必需的氧气，来营造出适宜生物生存的环境，同时，通过自然生物的净化作用来达到污水处理的目的。由此可见，河川的自净作用通过物理、化学和生物净化来实现，且生物净化依附于水生植物、水生动物及微生物的共同作用，如图3-2所示。通过自然与人工结合的方式以及水生植物、水生动物及微生物的科学组合，能够使水体净化达到最佳效果。

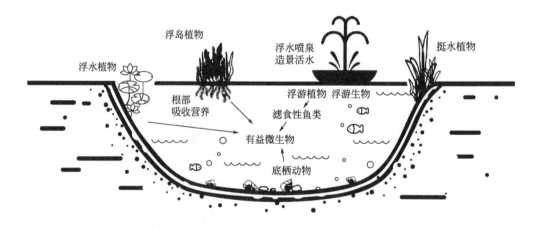

图 3-2　水体净化作用（宫瑞绘）

水生植物可吸收和富集水体中的污染物，如氮（N）、磷（P），重金属锌（Zn）、铬（Cr）、铜（Cu），有毒有机污染物等，达到净化水质的目的。其自净作用从两方面内容阐述。一是在自然水域生长的水生植物的水下部分，对从集中水域流入河川、湖泊的淤泥和浮游性的有机物具有捕捉、吸着、沉淀的作用。植物表面生长的微生物通过分解有机物降低水体中的悬浮物（suspended solids）和水

---

❶ 曝气：氧由空气转移至液体，产生溶解氧，并在微生物的作用下，氧化分解污水中的有机物。

体有机污染物，而分布在水中、河床、湖沼底部土壤中的植物根系，通过直接或间接吸收水中的无机成分（氮、磷）抑制过量的浮游生物和藻类，以此达到自然水域的自净作用。二是湖岸边植物带对水质净化具有一定作用，同时，对污染物质的净化需注重人类活动的实施对湖岸边水质及水生植物的影响。

水生动物通过自身组织功能对水体中的有机物进行吸收，进而净化水质。生长于自然水域下部的水生动物，如浮游动物、原生动物、滤食性鱼类、水生昆虫等，以植物生产的有机物为饵料，并形成连锁的食物链，通过其组织功能净化水质；而底栖动物（zoobenthos）通过摄取动物尸体，防止富营养化的浮游生物大量产生，即防止绿藻和赤潮现象的发生，对净化水域和安定水圈生态系统起重要作用。此外，原生动物可降低水体病原细菌浓度和维持微生物的生态平衡；鱼类如遮目鱼、梭鱼等以底栖藻类及有机碎屑为饵，净化水质；人工池塘养殖的对虾与适量扇贝混养则起到积极的净水作用。同时，由水生生物和滤食性鱼类组合的小型生态系统，能够较好地去除富营养化水体中的总磷（TP）、总氮（TN）、叶绿素（chlorophyl），缓解水质污染。

微生物是生态系统中的分解者，对水体污染物的去除和养分的循环具有重要作用。通过直接或间接地将水体污染物作为营养物，满足自身生长的同时，分解与降解污染物，以达到净化水质的目的。如微生物通过对水体中氮的氨化、硝化、反硝化作用，参与湿地生态系统的生物地球化学循环（geo-biological-chemical circulation），成为运用生物修复来净化水质的重要手段，同时，在富营养化水体的生态修复中，以固定化氮循环细菌结合凤眼蓝能够加速水体中氮素的循环和去除，达到净化水质的目的。

水体的自净作用具备一定的周期性和时效性，当污染超越了自然水环境负荷及其自净功能的界限时，水质便开始恶化。在人口密集、产业集中的现代社会，生活污水、船舶油污染、海洋及相关水产业污染等方面的排放加快了水质的恶化进度，富营养化（eutrophication）、赤潮（red tide）、青潮（blue tide）等水质污染现象层出不穷，已成为全球各地域普遍存在的生态环境问题之一。水质恶化影响水中动植物群落的生存，甚至波及整个生态系统的内部循环，反作用于人类，造成其二次破坏。因此，防止水质污染，如青潮现象的发生，必须从源头遏制，防止氮、磷等营养物质进入自然生态下的水体。常见水质污染现象如下。

① 富营养化。指由于大量的工业废水、生活污水以及化肥、农药流向河川和湖泊等水体，提高了原自然水体中的植物营养盐分（水中的氮、磷等无机养分）的浓度，藻类等水生生物大量繁殖，水体营养物质由贫瘠转变为富营养，形成富营养化的水质污染现象。

② 赤潮。又称"红潮"，指由于富营养化，海洋中的鞭毛藻类、硅藻类等浮游生物急剧繁殖，引起海面呈现红色或者红褐色的海洋污染现象。

③ 青潮。指地形变化、疏浚、有害物质的堆积促使厌氧细菌的异常活跃，水体散发恶臭，水生生物发生腐烂，形成泥状沉积物质，水面呈现绿色的现象。

3.1.2 地表水环境质量标准

地球的自然水域为人类生产生活提供了丰富的资源，与人类生存繁衍息息相关。为监测水环境状况和保护地表水环境质量，保障用水安全，各国相继制定国家的地表水质量标准体系，重点关注自然水环境与人体健康的关系。以中国和日本两国的地表水环境质量标准为例：

(1) 中国标准　中国为防止水环境污染，保护地表水水质，保障人体健康，维护良好的生态系统，贯彻《中华人民共和国环境保护法》和《中华人民共和国水污染防治法》，于 2002 年 4 月 28 日发布《地表水环境质量标准》(GB 3838—2002)，并于 2002 年 6 月 1 日起实施。文件中针对中国国家境内具有使用功能的地表水水域（江河、湖泊、运河、渠道、水库等）进行标准分类，依据地表水水域环境功能和保护目标，按功能高低依次划分为以下五类。

Ⅰ类：主要适用于源头水、国家自然保护区。

Ⅱ类：主要适用于集中式生活饮用水地表水源地一级保护区、珍稀水生物的栖息地、鱼虾类产卵场所、幼崽鱼摄食场所等。

Ⅲ类：主要适用于集中式生活饮用水地表水源地二级保护区、鱼虾类越冬场所、洄游通道、水产繁殖区等渔业水域及游泳区。

Ⅳ类：主要适用于一般工业用水区及人体非直接接触的娱乐用水区。

Ⅴ类：主要适用于农业用水区及一般景观要求水域。

中国标准中地表水的水域类别以罗马数字Ⅰ～Ⅴ来标注，其中Ⅰ类为水环境功能的最高标准，其标准值要求最严格，以此类推，标准等级逐步递减。相同水域兼有多类使用功能的，执行最高功能类别对应的标准值。具体标准限值如表 3-1 所示。

表 3-1　中国地表水环境质量标准基本项目标准限值

单位：mg/L（pH 值、类大肠菌群除外）

序号	参数	Ⅰ类标准值	Ⅱ类标准值	Ⅲ类标准值	Ⅳ类标准值	Ⅴ类标准值
1	pH 值	6～9				
2	五日生化需氧量(BOD_5)	≤3	≤3	≤4	≤6	≤10
3	总氮(湖、库，以 N 计)	≤0.2	≤0.5	≤1.0	≤1.5	≤2.0
4	化学需氧量(COD)	≤15	≤15	≤20	≤30	≤40
5	总磷(以 P 计)	≤0.02 (湖、库 0.01)	≤0.1 (湖、库 0.025)	≤0.2 (湖、库 0.05)	≤0.3 (湖、库 0.1)	≤0.4 (湖、库 0.2)
6	粪大肠菌群/(个/L)	≤200	≤2000	≤10000	≤20000	≤40000

（2）日本标准　日本水环境的保护政策与质量标准制定始于19世纪70年代，依据1971年颁布的《水质污染防治法》来制定，包括"环境水质标准"和"水污染物排放标准"两大水标准体系，且两大体系均从"人体健康"和"生活环境"两方面制定标准值。

"环境水质标准"中包括"人体健康环境质量标准"和"生活环境保护环境质量标准"两大专项标准。人体健康环境质量标准共包含26项水质标准（表3-2），和27项水环境监测物质和指导值（表3-3）；生活环境保护的环境质量标准则根据日本的河流（表3-4）、湖泊（大于100万立方米的天然湖泊和水库）（表3-5）、沿海水域（表3-6），进行分类并设定标准限值。

表 3-2　日本水质标准　　　　　　　　　单位：mg/L

序号	污染物项目	标准值	序号	污染物项目	标准值
1	镉 (cadmium)	0.01	14	1,1,1-三氯乙烷 (1,1,1-trichloroethane)	1
2	总氰化物 (total cyanide)	不可检出	15	1,1,2-三氯乙烷 (1,1,2-trichloroethane)	0.006
3	铅 (lead)	0.01	16	三氯乙烯 (trichloroethylene)	0.03
4	六价铬 (hexavalent chromium)	0.05	17	四氯乙烯 (tetrachloroethylene)	0.01
5	砷 (arsenic)	0.01	18	1,3-二氯丙烯 (1,3-dichloropropene)	0.002
6	总汞 (total mercury)	0.0005	19	福美双 (thiram)	0.006
7	烷基汞 (alkyl mercury)	不可检出	20	西玛津 (simazine)	0.003
8	多氯联苯 (polychlorinated biphenyls，PCBs)	不可检出	21	禾草丹 (thiobencarb)	0.02
9	二氯甲烷 (dichloromethane)	0.02	22	苯 (benzene)	0.01
10	四氯化碳 (carbon tetrachloride)	0.002	23	硒 (selenium)	0.01
11	1,2-二氯乙烷 (1,2-dichloroethane)	0.004	24	硝酸盐氮和亚硝酸盐氮 (nitrate nitrogen and nitrite nitrogen)	10
12	1,1-二氯乙烯 (1,1-dichloroethylene)	0.02	25	氟化物 (fluoride)	0.8
13	顺式-1,2-二氯乙烯 (cis-1,2-dichloroethylene)	0.04	26	硼 (boron)	1

注：1. 标准值指年均值，但总氰化物指最大值。

2. "不可检出"是指用规定的方法测定物质时，其含量小于该方法规定的定量限度。

3. 对于氯化物和硼，其标准值不适用于沿海水域。

表 3-3　日本水环境监测物质和指导值　　　　单位：mg/L

序号	污染物项目	指导值	序号	污染物项目	指导值
1	氯仿 (chloroform)	0.06	15	异稻瘟净 (iprobenfos)(IBP)	0.008
2	反式-1,2-二氯乙烯 (trans-1,2-dichloroethylene)	0.04	16	草枯醚 (chlornitrofen)(CNP)	—
3	1,2-二氯丙烷 (1,2- dichlor propane)	0.06	17	甲苯 (toluene)	0.6
4	1,4-二氯苯(对二氯苯) (1,4- dichlor benzene)	0.2	18	二甲苯 (xylene)	0.4
5	异噁唑磷 (isoxathion)	0.008	19	邻苯二甲酸二(2-乙基己基)酯 ［bis(2-ethylhexyl) phthalate］	0.06
6	二嗪磷 (diazinon)	0.005	20	镍 (nickel)	—
7	杀螟硫磷 (fenitrothio)(MEP)	0.003	21	钼 (molybdenum)	0.07
8	稻瘟灵 (isoprothiolane)	0.04	22	锑 (antimony)	0.02
9	8-羟基喹啉铜 (Oxine-copper)	0.04	23	氯乙烯 (vinyl chloride)	0.002
10	百菌清 (Chlorothalonil)(TPN)	0.05	24	环氧氯丙烷 (epichlorohydrin)	0.0004
11	炔苯酰草胺 (propyzamide)	0.008	25	1,4-二氧杂环己烷 (1,4-dioxane)	0.05
12	苯硫磷 (EPN)	0.006	26	总锰 (total manganese)	0.2
13	敌敌畏 (Dichlorvos)(DDVP)	0.008	27	铀 (uranium)	0.002
14	仲丁威 (fenobucarb)(BPMC)	0.03			

表 3-4　日本河流（湖泊除外）生活环境保护的环境质量标准

分类[①]	适用水质	标准值[②]				
		氢离子浓度 (pH 值)	生化需氧量 (BOD) /(mg/L)	悬浮物 (SS) /(mg/L)	溶解氧 (DO) /(mg/L)	总大肠菌群 /(MPN /100mL)
AA	AA 类适用于一级供水水质、保护自然环境以及A~E 类所列用途	6.5~8.5	1	25	7.5	50
A	A 类适用于二级供水水质、一级渔业水质、游泳以及B~E 类所列用途	6.5~8.5	2	25	7.5	1000
B	B 类适用于三级供水水质、二级渔业水质以及C~E 类所列用途	6.5~8.5	3	25	5	5000

续表

分类①	适用水质	标准值②				
		氢离子浓度（pH 值）	生化需氧量（BOD）/(mg/L)	悬浮物（SS）/(mg/L)	溶解氧（DO）/(mg/L)	总大肠菌群/(MPN/100mL)
C	C 类适用于三级渔业水质、一级工业用水水质以及 D~E 类所列用途	6.5~8.5	5	50	5	—
D	D 类适用于二级工业用水水质、农业用水以及 E 类中所列用途	6.0~8.5	8	100	2	—
E	E 类适用于二级工业用水水质以及保护环境	6.0~8.5	10	不得有可见垃圾等漂浮物	2	—

注：① 标准值基于日平均值，同样适用于湖泊和沿海水域的标准值；

② 对于农业用水，pH 值应为 6.5~7.0，DO 应大于 5mg/L，同样适用于湖泊的标准值。

表 3-5 日本湖泊（大于 100 万立方米的天然湖泊和水库）生活环境保护的标准限值

分类	适用水质	标准值				
		氢离子浓度	化学需氧量/(mg/L)	悬浮物/(mg/L)	溶解氧/(mg/L)	总大肠菌群/(MPN/100mL)
AA	AA 类适用于一级供水水质、一级渔业水质、保护自然环境以及 A~C 类所列用途	6.5~8.5	1	1	7.5	50
A	A 类适用于二级和三级供水水质、二级渔业水质、游泳以及 B~C 类所列用途	6.5~8.5	3	5	7.5	1000
B	B 类适用于三级渔业水质、一级工业用水水质、农业用水以及 C 类所列用途	6.5~8.5	5	15	5	—
C	C 类适用于二级工业用水水质以及保护环境	6.0~8.5	8	不得有可见垃圾等漂浮物	2	—

注：1. 保护自然环境：保护观光环境和其他环境。

2. 一级供水水质：使用过滤器和其他简单方法净化水。

二三级供水水质：采用沉淀过滤器等普通方法净化水，并采用预处理等先进方法。

3. 一级渔业水质：适用于栖息在寡养湖泊中的海洋产品，如红鲑鱼，以及二三级渔业水质的海洋产品。

二级渔业水质：适用于居住在寡养湖泊中的海洋产品，如鲑鱼科鱼种、香鱼和三级渔业水质海洋产品。

三级渔业水质：适用于居住在寡养湖泊中的锦鲤和鲫鱼等海洋产品。

4. 一级工业用水水质：采用沉淀法和其他普通方法净化水。

二级工业用水水质：使用化学添加剂和特殊净化手段等先进手段净化水。

5. 保护环境：不破坏居民的日常生活的限度（包括沿海滩散步等）。

表 3-6　日本沿海水域生活环境保护的标准限值

分类	适用水质	标准值				
		氢离子浓度	化学需氧量/(mg/L)	溶解氧/(mg/L)	总大肠菌群/(MPN/100mL)	N-乙烷萃取物（油等类）/(mg/L)
A	A类适用于一类渔业水质、游泳、保护自然环境以及B~C类所列用途	7.8~8.3	≤2	≥7.5	≤1000	未检测到
B	B类适用于二级渔业水质、工业用水以及C类所列用途	7.8~8.3	≤3	≥5	—	未检测到
C	C类适用于保护环境	7.0~8.3	≤8	≥2	—	—

注：1. 对于养殖供生食的牡蛎的一级渔业水质，总大肠菌群应小于或等于70 MPN/100mL。

2. 保护自然环境：保护观光环境和其他环境。

3. 一级渔业水质：适用于真鲷、鲕鱼、海藻等海洋产品，以及二级渔业水质的海洋产品。

二级渔业水质：鲕鱼、干海藻等海洋产品。

4. 保护环境：不破坏居民的日常生活的限度（包括沿海滩散步等）。

日本地表水质量标准中的第二大标准体系——水污染物排放标准旨在规范日本的工业企业等排放的水污染，其排放标准包括两大类：一是保护人体健康标准，如表3-7所示；二是保护生活环境标准，如表3-8所示。

表 3-7　日本保护人体健康的水污染物排放标准　　单位：mg/L

序号	化学制品	排放限制
1	镉及其化合物（cadmium and its compounds）	0.03
2	氰化物（cyanide）	1
3	有机磷化合物（仅对硫磷、甲基对硫磷、甲基内吸磷和苯硫磷）[organic phosphorus compounds(parathion,methyl parathion,methyl demeton and EPN only)]	1
4	铅及其化合物（lead and its compounds）	0.1
5	六价铬（hexavalent chromium）	0.5
6	砷及其化合物（arsenic and its compounds）	0.1
7	汞及其化合物（mercury and its compounds）	0.005
8	烷基汞化合物（alkyl mercury compounds）	无法检测

序号	化学制品		排放限制
9	多氯联苯 （PCBs）		0.003
10	三氯乙烯 （trichloroethylene）		0.1
11	四氯乙烯 （tetrachloroethylene）		0.1
12	二氯甲烷 （dichloromethane）		0.2
13	四氯化碳 （carbon tetrachloride）		0.02
14	1,2-二氯乙烷 （1,2-dichloroethane）		0.04
15	1,1-二氯乙烯 （1,1-dichloroethylene）		1
16	顺式-1,2-二氯乙烯 （cis-1,2-dichloro ethylene）		0.4
17	1,1,1-三氯乙烷 （1,1,1-trichloroethane）		3
18	1,1,2-三氯乙烷 （1,1,2-trichloroethane）		0.06
19	1,3-二氯丙烯 （1,3-dichloropropene）		0.02
20	福美双 （thiram）		0.06
21	西玛津 （simazine）		0.03
22	禾草丹 （thiobencarb）		0.2
23	苯 （benzene）		0.1
24	硒及其化合物 （selenium and its compounds）		0.1
25	硼及其化合物 （boron and its compounds）	非沿海地区 （non-coastal areas）	10
		沿海地区 （coastal areas）	230

续表

序号	化学制品		排放限制
26	氟及其化合物 (fluorine and its compounds)	非沿海地区 (non-coastal areas)	8
		沿海地区 (coastal areas)	15
27	氨、铵化合物、硝酸盐和亚硝酸盐化合物 (ammonia,ammonium compounds,nitrate and nitrite compounds)		100
28	1,4-二氧杂环己烷 (1,4-dioxane)		0.5

注：砷及其化合物的废水标准目前不适用于使用温泉的酒店业商业设施的废水［《温泉法》第1条第2条（1948年第125号法律）规定，后文亦适用］，在执行政令时，温泉已涌出。

表3-8 日本保护生活环境的水污染物排放标准

单位：mg/L（pH值除外）

序号	项目	排放限制	序号	项目	排放限制
1	氢离子浓度	非沿海地区 5.8~8.6 沿海地区 5.0~9.0	8	铜	3
			9	锌	2
			10	溶解性铁	10
2	生化需氧量	160 （日平均120）	11	溶解性锰	10
			12	铬	2
3	化学需氧量	160 （日平均120）	13	粪大肠菌群	3000/cm^2 （日平均）
4	悬浮固体	200	14	氮	120 （日平均60）
5	正己烷提取物（矿物油）	5			
6	正己烷提取物（动、植物油）	30	15	磷	16 （日平均8）
7	酚类	5			

注：1. 对于属于硫黄开采行业（包括开采与硫黄共存的黄铁矿的采矿行业）的工厂或商业设施的废水，不适用氢离子浓度和溶解性铁的废水标准。

2. 氢离子浓度、铜、锌、溶解性铁、溶解性锰和铬的废水标准目前不适用于使用温泉的酒店业商业设施的废水。

3. 生化需氧量排放标准仅适用于排入海洋和湖泊以外的公共水域的废水，化学需氧量排放标准仅适用于排入海洋和湖泊的废水。

在中国和日本的国家水环境质量标准基本项目标准限值中，化学需氧量（Chemical Oxygen Demand，COD）是测定水体有机污染的一项重要指标。一般情况下，COD的数值越大表明水体的污染情况越严重。日本的水质环境目标COD值与人类活动、湿地生物的水生环境要求关系如图3-3所示，以7个COD数值（0、5mg/L、10mg/L、15mg/L、20mg/L、50mg/L、100mg/L）作为划分限定，并具体划定为不受人为污染的河川中的 COD 浓度为 0；在上游水道能够进行水处理的 COD 浓度为 3mg/L；人类能够进行亲水活动，如进入河川或在水边玩耍、在岸边休闲散步的 COD 浓度分别为 3mg/L、6mg/L、8mg/L；从水产生物（鱼、虾）的生息状况来观测的 COD 浓度为 10mg/L；不引起恶臭气味的 COD 界限浓度为 25mg/L。

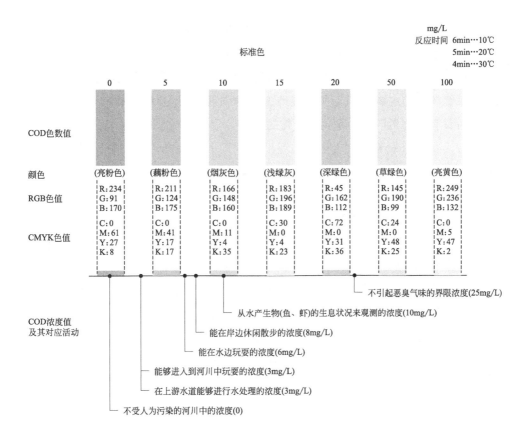

图 3-3　日本水质环境目标 COD 值（冯卓婧绘）

为方便理解，以下针对水质相关主要用语进行详细阐述。

① 氢离子浓度。表示溶液中的氢离子浓度的标准，用酸碱度来表示。

② 生化需氧量。是水中的污浊物质（主要是有机物）由微生物氧化分解时所必需的氧气量。

③ 化学需氧量。是用氧化剂来氧化水中的污浊物质（主要指有机物）时所消耗的氧化剂的量。

④ 总氮。包含水中存在的各种各样的氮化合物的氮的总量。富营养化的原因之一。

⑤ 总磷。包含水中存在的各种各样的磷化合物的磷的总量。富营养化的原因

之一。

⑥ 悬浮固体。是不溶于水的悬浊性的物质。悬浮固体分为无机质和有机质，数值越大水质污浊越明显。

3.2 湿地要素——土壤

土壤是湿地生态系统中的重要客观环境和构成要素，湿地土壤的形成是地理环境及生态环境长期发展作用的产物。湿地土壤涵养地表水分，促进植物生长，维护生物多样性。湿地土壤在长期覆水和动植物的作用下，蕴含丰富的有机质，成为湿地生态系统碳素的主要储积场所，湿地土壤的碳循环对全球气候变化具有重要意义，同时具有降解污染物、净化污染物的功能。

2007 年 6 月，杨青、刘吉平在《湿地科学》上发表的论文《中国湿地土壤分类系统的初步探讨》中，参考中国第二次土壤普查的分类标准、美国土壤分类标准和中国最新的土壤系统分类的标准，将中国湿地土壤"根据水作用下的成土过程或与水有密切关系的成土过程来确定湿地土壤的最高级别——湿地土纲，以人为活动影响为主的成土过程来划分湿地土壤亚纲，即人工湿地土壤和自然湿地土壤两个亚纲。依据土壤中有机物质的含量划分为有机土和矿质土两个类，依据湿地中的水质类型、土壤的含盐量及盐的种类，将湿地土壤划分为淡水湿地土壤、碳酸盐湿地土壤、氯化物盐湿地土壤、硫酸盐湿地土壤。依据地貌条件来划分土族，依据其他综合条件来划分湿地土系"，具体分类系统如表 3-9 所列。

表 3-9　湿地土壤分类

土纲	亚纲	土类	亚类	土族
湿地土纲	自然湿地土壤	有机土	淡水湿地有机土	高平原湿地土壤 低平原湿地土壤 低山谷地湿地土壤 海岸滩涂湿地土壤 河岸漫滩湿地土壤 湖滨湿地土壤
			碳酸盐湿地有机土	高平原湿地土壤 低平原湿地土壤 低山谷地湿地土壤 河岸漫滩湿地土壤 湖滨湿地土壤
			氯化物盐类湿地有机土	高平原湿地土壤 低平原湿地土壤 低山谷地湿地土壤 海岸滩涂湿地土壤 河岸漫滩湿地土壤 湖滨湿地土壤

续表

土纲	亚纲	土类	亚类	土族
湿地土纲	自然湿地土壤	有机土	硫酸盐湿地有机土	高平原湿地土壤 低平原湿地土壤 低山谷地湿地土壤 海岸滩涂湿地土壤 河岸漫滩湿地土壤 湖滨湿地土壤
		矿质土	淡水湿地矿质土	高平原湿地土壤 低平原湿地土壤 低山谷地湿地土壤 海岸滩涂湿地土壤 河岸漫滩湿地土壤 湖滨湿地土壤
			碳酸盐湿地矿质土	高平原湿地土壤 低平原湿地土壤 低山谷地湿地土壤 河岸漫滩湿地土壤 湖滨湿地土壤
			氯化物盐类湿地矿质土	高平原湿地土壤 低平原湿地土壤 低山谷地湿地土壤 海岸滩涂湿地土壤 河岸漫滩湿地土壤 湖滨湿地土壤
			硫酸盐湿地矿质土	高平原湿地土壤 低平原湿地土壤 低山谷地湿地土壤 海岸滩涂湿地土壤 河岸漫滩湿地土壤 湖滨湿地土壤
	人工湿地土壤	矿质土	淡水湿地矿质土、水稻土	高平原湿地土壤 低平原湿地土壤 低山谷地湿地土壤 海岸滩涂湿地土壤 河岸漫滩湿地土壤 湖滨湿地土壤
			碳酸盐湿地矿质土	高平原湿地土壤 低平原湿地土壤 低山谷地湿地土壤 河岸漫滩湿地土壤 湖滨湿地土壤

土纲	亚纲	土类	亚类	土族
湿地土纲	人工湿地土壤	矿质土	氯化物盐湿地矿质土	高平原湿地土壤 低平原湿地土壤 低山谷地湿地土壤 海岸滩涂湿地土壤 河岸漫滩湿地土壤 湖滨湿地土壤
			硫酸盐湿地矿质土	高平原湿地土壤 低平原湿地土壤 低山谷地湿地土壤 海岸滩涂湿地土壤 河岸漫滩湿地土壤 湖滨湿地土壤

注：摘自杨青，刘吉平. 中国湿地土壤分类系统的初步探讨 [J]. 湿地科学，2007, 5（2）：111-116。

为掌握全国国土利用现状和自然资源变化，得到科学、详实、准确的全国土地基础数据，以满足国土空间生态修复、国土空间规划体系建设等工作，中国国务院第三次全国国土调查领导小组办公室于 2017 年 10 月至 2020 年启动、开展和完成第三次全国国土调查工作，在《第三次全国国土调查工作分类地类认定细则》中，将中国土地分为 12 个一级类和 53 个二级类，并将湿地列为地类认定的首要内容，如表 3-10 所示。此次国土调查，是国家宏观调控、科学规划、合理利用、有效保护国土资源的基本前提，同时也为生态湿地景观建设与管理提供基础。

表 3-10 第三次全国国土调查地类认定

一级类		二级类	
编码	名称	编码	名称
00	湿地	0303	红树林地
		0304	森林沼泽
		0306	灌丛沼泽
		0402	沼泽草地
		0603	盐田
		1105	沿海滩涂
		1106	内陆滩涂
		1108	沼泽地
01	耕地	0101	水田
		0102	水浇地
		0103	旱地
02	种植园用地	0201	果园
		0202	茶园
		0203	橡胶园
		0204	其他园地

续表

一级类		二级类	
编码	名称	编码	名称
03	林地	0301	乔木林地
		0302	竹林地
		0305	灌木林地
		0307	其他林地
04	草地	0401	天然牧草地
		0403	人工牧草地
		0404	其他草地
05	商业服务类用地	05H1	商业服务业设施用地
		0508	物流仓储用地
06	工矿用地	0601	工业用地
		0602	采矿用地
07	住宅用地	0701	城镇住宅用地
		0702	农村宅基地
08	公共管理与公共服务用地	08H1	机关团体新闻出版用地
		08H2	科教文卫用地
		0809	公共设施用地
		0810	公园与绿地
09	特殊用地		
10	交通运输用地	1001	铁路用地
		1002	轨道交通用地
		1003	公路用地
		1004	城镇村道路用地
		1005	交通服务场站用地
		1006	农村道路
		1007	机场用地
		1008	港口码头用地
		1009	管道运输用地
11	水域及水利设施用地	1101	河流水面
		1102	湖泊水面
		1103	水库水面
		1104	坑塘水面
		1107	沟渠
		1109	水工建筑用地
		1110	冰川及永久积雪
12	其他土地	1201	空闲地
		1202	设施农用地
		1203	田坎
		1204	岩碱地
		1205	沙地
		1206	裸土地
		1207	裸岩石砾地

注：根据2019年4月《第三次全国国土调查工作分类地类认定细则》编绘。

3.3 湿地要素——生物

生物是整个湿地系统中的重要部分，与水环境相互关联，生物的存在使湿地成为"活"的循环系统。湿地的生物包括植物群落（生产者）、动物及微生物群落（消费者与分解者）。

3.3.1 植物群落

植物群落，即有较多植物聚集而产生的植物社会，是湿地生态系统的基础。在河川水流较缓、水位较安定的河段，存在与湖泊相类似的植物群落，在水流较快的河段，水中的植物则相对比较贫瘠。湿地水位梯度变化与植被类型分布具有关联性，且湿地的植物群落影响生物的空间分布与数量级别。湿地在陆域生态系统和水域生态系统之间，孕育着丰富的植物群落，形成独特的"生态过渡带"（ecotone），如图 3-4 所示。

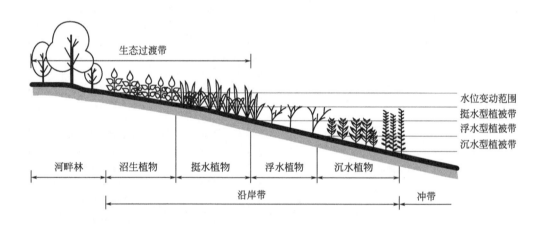

图 3-4　湿地植物群落（宫瑞绘）

在生态过渡带状范围内，空间及其所生息的生物物种各有特色，以日本滋贺县的淡水湖——琵琶湖为例，琵琶湖的生态过渡带所栖息的鸟类可分为三大种群，一是以小鸊鷉、绿翅鸭为代表的水鸟类，二是大麻鳽、大苇莺等只依存于单一的芦苇原环境的鸟类，三是鹊、田鹬等陆地鸟类。而湖岸边的芦苇原以及柳树林（既不属于湖水区域也不属于内陆区域）中，集中生息着的鸟类种类和个体数量最多，如图 3-5 所示。同时，图 3-5 也记录了琵琶湖以湖岸为中心，从湖心到内陆耕作地区所出现的鸟类种类数量和个体数量在不同季节的变化情况。

湿地的水生植物（aquatic plants）根据其生活方式，一般分为挺水植物

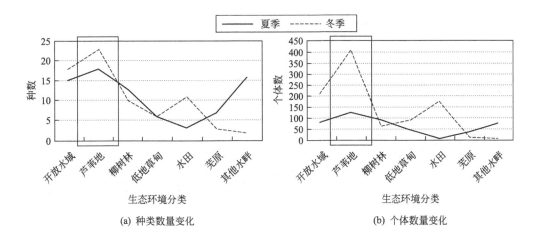

图 3-5　日本琵琶湖湖岸不同生态环境鸟类种类数量及个体数量的变化（冯卓婧绘）

图片来源：自然環境復元協会、杉山惠一、中川昭一郎，農村ビオトープ，信山社サイテック，2000。

（emerged plants）、浮叶植物（floating leaf plants）、沉水植物（submerged plants）和漂浮植物（floating plants）以及湿生植物（wet plants）。由于在水这一单一的环境中生息，植物的芽、根、茎、叶、花等形态发生了适应性变化。如芦苇、菰、莲（荷花）等挺水植物的地下茎非常发达，在地中横向延伸，为固定身体与繁殖起到了很重要的作用。但由于荷花自身的各个部位都需供给氧气，因此，荷花的气道在地下茎中非常发达。此外，水生植物在水中的叶为适应或减小对水流的抵抗，通常呈线型，较为细小。

　　根据湿地类型及湿地所处地理位置（地球纬度）、气候的不同，湿地生息的植物群落有所不同。以日本为例，其自然植被分为高山草原和矮松群落区（高山带）、亚高山带针叶林区（亚高山带）、落叶阔叶林区（夏绿阔叶林带）、常绿阔叶林区（常绿阔叶林带）四大区域。在不同水平和垂直高度上的分布导致日本湿地的植被群落存在差异性，结合四大自然植被区域分布与日本部分湿地类型，针对亚热带常绿阔叶林带（阔叶林区域）的池沼与蓄水池，夏绿阔叶树林带的湖沼、沼泽（湿原），亚高山带与高山带的湖沼与沼泽（湿原）以及水田（人工湿地）等湿地植物群落进行具体分析。

　　（1）亚热带常绿阔叶林（阔叶林区域）池沼与蓄水池岸边的植物群落　亚热带常绿阔叶林（阔叶林区域）的池沼，水位一般较浅，水体比较浑浊，水中与水底的土壤中，营养成分非常丰富，因此池沼与其岸边的水生植物群落非常发达，水面常见大面积的芦苇群落或岸边密集的大型芦苇群落等。一般情况下，池沼的水生植物群落如图 3-6 所示，从水边向池沼中心，挺水植物群落、浮叶植物群落、沉水植物群落依次排列。

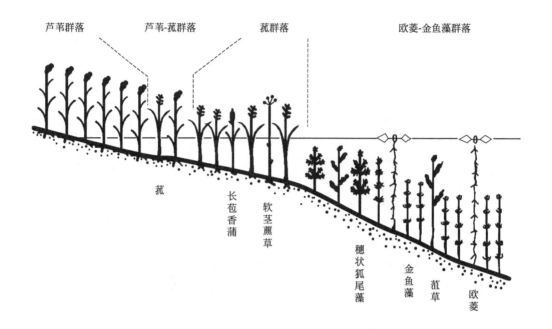

图 3-6　照叶林区域池沼的植物群落

图片来源：宫协昭，日本の植生，学习研究社，1977。

亚热带常绿阔叶林（阔叶林区域）的蓄水池一般用于农业播种，蓄水池在排水期，即夏季植物生育期需大量放水浇灌，形成"减"水，水位降低，导致原先在蓄水期时被水体覆盖的坡地土壤裸露在空气中，转换为排水期水面（低水位）的池岸。因此，蓄水池地带以湿生植物群落为主体的植物带比较发达，如图 3-7 所示。

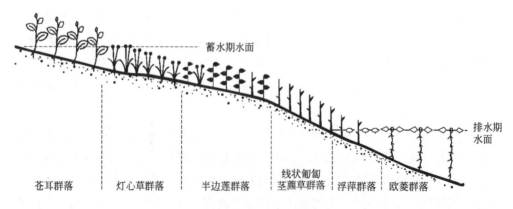

图 3-7　池沼的植物群落

图片来源：宫协昭，日本の植生，学习研究社，1977。

（2）夏绿阔叶树林带湖沼的植物群落　夏绿阔叶树林带湖沼的植物群落包括沉水植物、浮叶植物和挺水植物三大类（图 3-8）。

(a) 沉水植物

(b) 浮叶植物

(c) 挺水植物

图 3-8　湖沼的植物群落——沉水植物、浮叶植物、挺水植物

沉水植物群落中，拟轮藻类、布氏轮藻类的纯群落较多，且一般分布于湖体最深的区域。

浮叶植物群落中，既包括如莼菜（*Brasenia schreberi*）、眼子菜（*Potamogeton distinctus*）、睡莲（*Nymphaea tetragona*）、欧菱（*Trapa natans*）等组成的单独的群落，也包含由 2～3 个种类混合组成的群落，其中最具代表性的是浮叶眼子菜-睡莲群落。

挺水植物群落中，主要包括灯心草（*Juncus effusus*）、溪木贼（*Equisetum fluviatile*）、睡菜（*Menyanthes trifoliata*）、芦苇、菰等群落。

日本北方地区与地势较高地区分布着的菰群落较少，而浮叶植物睡莲群落较多。在靠近湖沼岸边的地方，睡莲-沼委陵菜群落与溪木贼-睡莲群落比较多，而偏离岸边的地方，则睡莲-灯心草群落较多。

在挺水植物群落中，芦苇生长于水深 1～1.5m 且靠近岸边一侧的区域，因此，在湖沼周边的沼泽地与湖岸或已经陆地化的区域，其与香蒲类，黑三棱类、菰等相结合，形成挺水植物群落，成为沼泽（湿原）植物群落的要素，起到陆地、水域之间过渡和桥梁的作用。因此，芦苇群落是湖岸景观构成中不可或缺的植物。

（3）夏绿阔叶树林带沼泽（湿原）植物群落　夏绿阔叶树林带的沼泽（湿原）植物群落，针对富养沼泽、中养沼泽、贫养沼泽（湿原）类型的划分而不同。

富养沼泽（低位沼泽、低层湿原）植物群落所包含的芦苇中，隐果薹草（Carex cryptocarpa）、胀囊薹草（Carex vesicaria）等大型莎草科薹草属植物混生的情况较多。此外，春季为莎草科薹草属植物群落，夏季则变成芦苇原的区域也比较多。地下水位变低时，莎草科薹草属植物成为沼泽（湿原）的植物主体，出现植物混生的状况，构成的品种主要有金星蕨科（Thelypteridaceae）、细叶地榆（Sanguisorba tenuifolia）、千屈菜（Lythrum salicaria）、球尾花（Lysimachia thyrsiflora）、小叶猪殃殃（Galium trifidum）、山梗菜（Lobelia sessilifolia）、大穗薹草（Carex rhynchophysa）、玉簪属（Hosta）等。由于芦苇的生育范围较广，能够与各种植物相互组合混生，而由于沼泽表面低洼，在此生长着的泥炭藓属中，粗叶泥炭藓（Sphagnum squarrosum）、喙叶泥炭藓（Sphagnum recurvum）、流苏泥炭藓（Sphagnum fimbriatum）等比较多，泥炭藓（Sphagnum palustre）、狭叶泥炭藓（Spagnum cuspidatum）等较少。

中养沼泽（中位沼泽、中间湿原）植物群落中的"标志"植物是日本麦氏草。日本麦氏草在富养沼泽（低层湿原）也可以生长，但在生长时会由于泥炭的堆积逐渐使其陆地化。除日本麦氏草之外，中间湿原的代表植物有白毛羊胡子草（Eriophorum vaginatum）、杜香（Ledum palustre）、大风杨梅（Myrica gale）、桂皮紫萁（Osmunda cinnamomeum）、小萱草（Hemerocallis dumortieri）等。单独或混生的植物，构成了中间湿原的植物群落。

贫养沼泽（高位沼泽、高层湿原）的特殊性在于具有高层性的泥炭藓、高鞘薹草（Carex middendorffii）茂密繁殖。除此之外，其他的贫养沼泽（高层湿原）植物种类较多，从低部至高部分别以高鞘薹草、红莓苔子（Vaccinium oxycoccus）、泥炭藓［疣泥炭藓、中位泥炭藓（Sphagnum magellanicum）等］各群落为代表，且当贫养沼泽（高层湿原）达到极其发达的程度时，可看到凸起地带的锈色泥炭藓和低洼地带的刺子莞属植物。

（4）亚高山带与高山带高山湖沼及沼泽（湿原）的植物群落

① 流水水潭的植物。在高山上，水以流动的形式存在，降雨时水流会随着地势流向岩石碎块较多的地表下，表面基本没有水的存在，但在积雪较多地带的末端存在较长的水流，水流周边则生长着灯心草科（Juncaceae）植物、发草群落。坡度较陡峭的地方，由于降雨而产生的"增"水冲刷，存在少量植物。但在冰斗地形的底部等平缓地带，灯心草科植物的地下根茎坚固，水流沿着边沿流动，深山赤花（Epilobium hornemannii）、假美洲升麻（Trautvetteria caroliniensis）等相互掺杂

混生，形成了带状的群落。喜清澈的水的群落，如灯心草科植物-发草群落，能够分成地域性的几个亚集群。另外，平缓的水流底部，地表下流动的水溢出的地方，则形成了美丽绿色的苔藓地毯。

② 湖沼的植物。日本高山上的湖沼面积较大，且都为较深的火山口湖。此类湖沼属营养贫瘠型湖沼，基本只存在少量的浮游植物，但在留有残雪的沼泽（湿原）中的小池塘中，对应不同的深度，生长着不同的植物，以水深80m为分界线，超过80m的深度不存在高等植物。另外，低水温、清澈的池子底部，存在水韭属（*Isoetes*）植物群落。

③ 沼泽（湿原）的植物。在高山的缓斜坡区域与凹陷地域存在沼泽（湿原），此类地域符合积雪的条件，因此高山沼泽（湿原）的植物主要是以雪地植物的欧洲卷柏（*Selaginella selaginoides*）-肾叶睡菜（*Nephrophyllidium crista-galli*）的群团性集群为代表，特别在日本多雪的高山地区，广泛分布肾叶睡菜-日本麦氏集群。

（5）水田（人工湿地）的杂草群落　水田是需要人类劳作，以粮食生产为目的的人工湿地。水田在每年的4～6月注水，立地条件特殊。在播种后至稻子成熟的3～4个月内，要不间断地注满5～10cm深的水。在水循环的过程中，水田成为具有保水（向地下浸透）功能与由于蒸发而抑制气温等机能和效果的耕地，加之以氮肥为主的肥料追加，在人类特殊作用和影响下的水田，形成一个好氮性水生或湿生的一年生植物群落——水田植物群落或水田杂草群落（图3-9）。

(a) 日本水田　　　　　　　　　　　　(b) 杂草群落

图3-9　日本水田与杂草群落

日本的水田杂草数量共191种，但都与水稻存在关联性。世界上主要的水田杂草大都被认定为是在水稻原产地东南亚的季风气候下繁育的，而日本的水田杂草大部分为东南亚或东北亚原产。日本的水田中只存在最典型的水田杂草群落，如在日本水田中发现灯心草-芦苇属的植物群落，则可断定为该水田是管理不到位或废弃的田地。

　　湿地的植物群落除在自身生态构造和相应湿地分布有独特性外，还具有其对应的生态、环境机能。如表 3-11 所列，水生植物群落具有生产与分解物质、维持生物群落的稳定性与循环发展、净化水体、防止侵蚀湿地土壤及水岸、供给自然资源和形成自然水体景观风貌的生态机能。

表 3-11　水生植物群落的生态机能

生态机能		树林	湿地植物群落	挺水植物群落	浮叶植物群落	沉水植物群落	藻类
物质的生产与分解	有机物的生产	●	●	●	●	●	●
	湖水与氧的互换			○	●	●	●
	湖水与氮、磷的互换			○	●	●	●
	底泥对氮、磷的吸收			●	●	○	○
	对行舟和渔业的妨碍			○	●	●	
生物群落的维持	为水鸟类与鱼类供给食物	○		○	●	●	●
	为底生生物供给食物	○		●	●	●	●
	着生生物的着生基体			●	●	●	○
	鱼类与虾类的产卵和幼体的繁育场所			●	●	●	
	昆虫类与两栖类等的生育场所			●	●	●	
	水鸟类的筑巢与育雏场所	○		●	○		
湖水净化	有害物质的吸收		○	●			
	着生生物对有机物的分解		○	●	●	●	
	遮光植物对浮游生物的抑制			●	●	○	
	氮、磷吸收植物对浮游生物的抑制			○	●	●	
	促进浮游物的沉淀			●	●	●	
	为底泥供给氧		●	●	○		
防止侵蚀	波浪的抑制			●	○	○	
	紧缚作用防止湖岸的侵蚀		●	●			
资源供给	家畜的饲料与肥料的供给		●	●	●	●	
	生活用品材料的供给		●	●			
景观形成	水边景观的形成	●	●	●	○		

注：●存在该种机能，○较少地存在该种机能。

　　水边树木则具备景观机能、亲水活动促进机能、自然环境保全机能、历史人文机能四种环境机能。

　　① 景观机能。水边放置树木从竖向空间增强对比，与原生、自然的植物群落组合，能够增加周围的景观效果。

　　② 亲水活动促进机能。树荫与树木是亲水活动的辅助，能有效促进亲水活动

的进行，提升空间体验感。

③ 自然环境保全机能。树木能为水边生物提供生息场所或食料，能够使每个脱离生存地的个体群落相互联络，对个体群落的维持起到重要的作用（生态回廊）。

④ 历史人文机能。部分水边的树木具有浓厚的历史"底蕴"，能够提供历史人文的氛围。

3.3.2　生物群落

生物群落，即不同种类的生物聚集而产生的生物社会，此处指动物及微生物。湿地生态系统中的动植物种类构成了湿地生态系统的食物链，相依相生，环环相扣；细菌和真菌等微小的菌类生物则成为湿地生态系统中的分解者，促进了湿地生物地球化学过程。

湿地生态系统是介于陆地生态系统与水生生态系统之间的过渡带，从湿地生态系统竖向空间位置分布来划分其湿地动物种类，如图 3-10 所示，包括底栖无脊椎动物，如昆虫幼虫。栖息于湿地水环境中间层面的水生动物，如鱼类；介于水生和陆生之间的生物——两栖类，如蛙类；生息于湿地周边陆地系统的生物，如部分哺乳类、爬行类动物；以湿地水系统中的生物为食物，具有飞翔能力的鸟类和昆虫等。其中，湿地为水禽提供丰富的食物、繁殖和停歇的栖息地，而湿地鸟类的生息构成了湿地的重要生态景观特征，成为湿地生态系统食物链的重要环节。

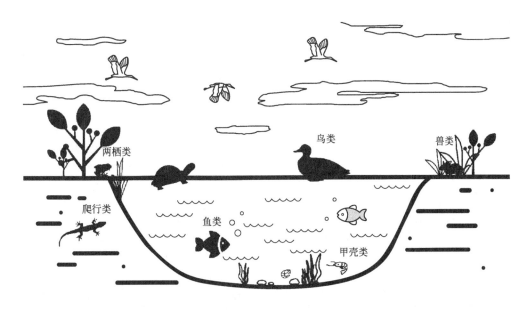

图 3-10　湿地动物在湿地生态系统中的空间（宫瑞绘）

根据北京师范大学环境水源教授、中国湿地研究学者崔保山所著书籍《湿地学》[1] 一书中的湿地动物分类，中国湿地动物按照门、纲、目分类，可分为 3 门、7 纲、32 目，如表 3-12 所示。

表 3-12　中国湿地动物分类

门（亚门）	纲（亚纲/类）		目	例
软体动物门 (Mollusca)	腹足纲 (Gastropoda)	前鳃亚纲 (Prosobranchia)		东北田螺 (*Viuiparus chui*)
		肺螺亚纲 (Pulmonata)		卵萝卜螺 (*Radix ovata*)
	瓣鳃纲 (Lamellibranchia)		真瓣鳃目 (Eulamellibranchiata)	中国尖嵴蚌 (*Acuticosta chinensis*)
节肢动物门 (Arthropoda)	昆虫纲 (Insecta)		蜻蜓目 (Odonata)	长尾黄蜓 (*Ceriagrion fullax*)
			直翅目 (Orthoptera)	长翅素木蝗 (*Shirakiacris shirakii*)
			半翅目 (Hemiptera)	横带红长蝽 (*Lygaecus equestris*)
			同翅目 (Homoptera)	红袖蜡蝉 (*Diostrombus politus*)
			鞘翅目 (Coleoptera)	黑斑长节牙甲 (*Laccobius zugmayeri*)
			鳞翅目 (Lepidoptera)	肾毒蛾 (*Cifuna locuples*)
			双翅目 (Diptera)	最黑按蚊 (*Anopheles nigerrimus*)
脊索动物门 (Chordata)	脊椎动物亚门 (Verebrata)	两栖纲 (Amphibia)	有尾目 (Urodela)	大鲵 (*Andrias davidianus*)
			无尾目 (Anura)	东方铃蟾 (*Bombina orientalis*)
		爬行纲 (Reptilia)	龟鳖目 (Testudoformes)	鳖 (*Trionyx sinensis*)
			蜥蜴目 (Lacertiformes)	黑龙江草蜥 (*Takydronus amurensis*)
			蛇目 (Serpentiformes)	黄脊游蛇 (*Coluber spinalis*)

---

[1] 崔保山. 湿地学 [M]. 北京：北京师范大学出版社，2006：101-102。

门（亚门）		纲（亚纲/类）	目	例
脊索动物门（Chordata）	脊椎动物亚门（Verebrata）	鸟纲（Aves）	䴙䴘目（Podicipediformes）	赤颈䴙䴘（*Podiceps grisegena*）
		游禽类（Natatores）	鹈形目（Pelecaniformes）	斑嘴鹈鹕（*Pelecanus philippensis*）
			雁形目（Anseriformes）	红胸黑雁（*Branta ruficollis*）
			鸥形目（Lariformes）	银鸥内蒙亚种（*Larus argentatus mongolicus*）
			潜鸟目（Gaviiformes）	红喉潜鸟（*Gavia stellata*）
			鹱形目（Procellariiformes）	短尾信天翁（*Diomedea albatrus*）
		涉禽类（Grallatores）	鹳形目（Ciconiformes）	苍鹭（*Arden cinerea*）
			鹤形目（Gruiformes）	白头鹤（*Grus monachus*）
			鸻形目（Charadriiformes）	水雉（*Hydrophasianus chirurgus*）
			隼形目（Falconiformes）	苍鹰（*Accipiter gentilis*）
			鸮形目（Strigiformes）	长尾林鸮（*Strix uralensis*）
			佛法僧目（Coraciiformes）	白胸翡翠（*Halcyon smyrnensis*）
			雀形目（Passeriformes）	小云雀长江亚种（*Alauda gulgula weigoldi*）
			鸡形目（Galliformes）	雉鸡川北亚种（*Phasianus colchicus suehschanensis*）
		哺乳纲（Mammalia）	食虫目（Insectivora）	大麝鼩（*Crocidura lasiura*）
			食肉目（Carnivora）	狼（*Canis lupus*）
			兔形目（Lagomorpha）	草兔（*Lepus capeenis*）
			啮齿目（Rodentia）	东方田鼠（*Microtus fortis*）
			偶蹄目（Artiodactyla）	狍（*Capreolus capreolus*）

　　湿地动物的物种丰富，且具有生态性功能、经济价值和观赏价值等，对人类物质生活与精神活动具有重要作用，湿地动物中的珍稀濒危物种数量也较多，仅中国湿地所涵盖的国家重点保护的野生动物共计 20 目 36 科 98 种。为了保护湿地生态系统及其各要素，实现可持续发展，人类必须认识生态湿地的特性及功能，遵循湿地生态系统的发展规律。

第 4 章
生态湿地的特性与功能

4.1 生态湿地特性

　　湿地客观环境与湿地所栖息的生物构成统一整体，形成湿地的生态系统。湿地生态系统中所涵盖的客观空间环境，植物、动物等生物群落要素之间存在不可分割的紧密联系，各要素相互影响、相互制约。

4.1.1 湿地系统循环性

　　湿地生态系统通过自身的物质转化与循环、能量流动以及信息传递将地球的陆域与水域的生态系统联系起来，成为平衡地球自然生态系统的重要组成部分，形成生态系统的循环性及其结构的稳定性。湿地生态系统的循环性表现在湿地的非生物环境，即水（气）、土等系统要素在生物要素参与作用下的循环。

　　湿地的水循环过程主要包含水的"输入"（"来水"）与"输出"（"去水"）两方面，水的"输入"主要为自然降水、地表径流及湿地系统地下水，水的"输出"主要为水分的蒸发与下渗。湿地水循环及其伴生的物质循环和能量流动，影响湿地生态系统的形成与演化[1]，如图 4-1 所示。

　　湿地的主要输入水源为降水（降雨、降雪），当降水量达到一定程度，通过下渗补充湿地水量。而湿地土壤含水量达到饱和状态、地下水达到所涵养水源的界限值时，降水的水量在地表形成聚集，或与原先的地表径流汇集，或根据地形地势形成积水，经太阳光照、植物群落生息实现水分的蒸发蒸腾，维持湿地水量的"收支"平衡。

　　湿地水分条件影响着土壤盐分、土壤微生物活性、营养有效性、碳氮硫磷等大量元素、汞等重金属元素和微量元素的迁移、转化和循环，进而调节湿地中的动植

---

　　❶ 章光新，武瑶，吴燕锋，等．湿地生态水文学研究综述［J］．水科学进展，2018，29（5）：737-749。

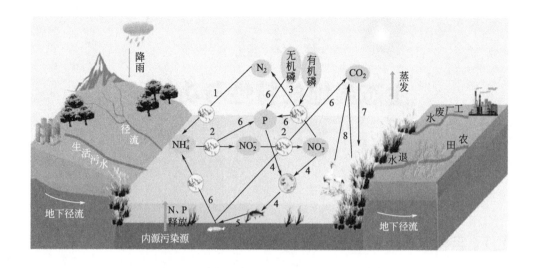

图 4-1　湿地水循环与物质循环过程示意

1—固氮作用；2—硝化作用；3—反硝化作用；4—消耗；5—死亡；

6—分解作用；7—光合作用；8—呼吸作用

物物种组成、丰富度、初级生产量和有机质分解与积累的过程，控制和维持湿地生态系统的结构和功能。

气候条件、季节性的干湿度变化、土壤理化性质、黏土矿物类物质以及土壤质地、光合作用等是湿地碳、氮、磷循环的影响因素。气候条件尤其是温度的升高，能够加快湿地土壤中有机物的分解，参与湿地大气的碳循环过程，而温度一旦超过或低于平衡值时，湿地的活性氮减少或富集，会造成湿地土壤和水体的变化；季节性的干、湿变化以及湿地水位的变化影响湿地二氧化碳及甲烷排入量的变化；土壤理化性质、黏土矿物类物质以及土壤质地等影响湿地土壤的有机碳含量；湿地中微生物群落同样会影响到湿地营养循环和有机质分解等。

湿地生态系统兼具开放与包容的特性，在地球自然生态和自身内部的运转中，均具系统发展的循环与稳定性，且在循环的过程中，湿地生态系统各要素在不受人为干扰的情况下，发挥着最大功能和效益。

4.1.2　湿地生物多样性

1992 年联合国环境与发展会议上签署的《生物多样性公约》中定义："生物多样性"（biological diversity）指 "所有来源的形形色色生物体的可变性，包括陆地、海洋和其他水生生态系统及其所构成的生态综合体，这包括物种内部、物种之间和生态系统的多样性"（"the variability among living organisms from all sources including, inter alia, terrestrial, marine and other aquatic ecosystems and the ecological complexes of which they are part; this includes diversity within species, between species and of ecosystems"）。公约以生态系统多样性（ecosystem diversity）、物种多样性（species diversity）、遗传多样性（genetic diversity）3 个级别作为其保护的重点。其中，生态系统多样性表现为生物的生长环境（habitat）、生物群落（community）、生物链（biological process）的多样性；物种多样性由生物物种的数量来表示；遗传多样性指物种内的遗传因子的多样性，包括生物个体的遗传因子。

（1）生态系统多样性　湿地具有介于陆域与水域之间的特殊生态环境，国际《湿地公约》、中国《全国湿地资源调查与监测技术规程（试行）》（林湿发〔2008〕265 号）以及其他国家、地区所划分的湿地类型，根据其湿地所处空间位置的地形地貌、土壤、水文、气候等方面不同而存在差异性，湿地生态系统也呈现多样性特征，为不同生物群落提供相适应的生息环境，进而促进了多样性物种的生存与繁衍。而生态系统及其生息物种的多样性、物种的遗传多样性三者之间的关联与平衡一旦被破坏，将影响湿地的可持续发展。

（2）物种多样性　在生物的历史发展过程中，湿地是支撑着各类种群、生物的进化与生息的场所，也正是因为湿地的存在才确保了多数量、多样化的生物栖息于此。栖息于湿地这一特殊的自然生态系统下的生物物种丰富，部分生物物种仅在湿地环境，甚至仅在单一国度的地理环境下生息繁衍。如具有"水中熊猫"之称的白鱀豚栖息于中国长江中下游、洞庭湖、鄱阳湖等地，为中国特有的水生动物，具有较高的生物科学研究价值。但 20 世纪 80 年代，由于人类活动及其他原因的侵害，白鱀豚种群数量锐减，甚至造成"功能性灭绝"，2018 年 11 月被列入《世界自然保护联盟濒危物种红色名录》（IUCN Red List of Threatened Species，或称 IUCN 红色名录）。多样性的生物物种中包含着濒危或稀有种类，物种在极其复杂的生态系统中生息、演化形成了与之相适应的基因，但同时具有脆弱性，面临着生存或灭绝的威胁。

（3）遗传多样性　基于湿地物种多样性的遗传多样性，包括种内显著不同的种群间的遗传变异和同一种群内的遗传变异，包含染色体多态性、蛋白质多态性和 DNA 多态性三个方面。湿地为其生物群落提供了生息的客观环境，并在不断的演化中促使生物的进化。人类通过筛选、利用和改良湿地物种的基因，可以培育出优质的新品种。如中国杂交水稻专家袁隆平教授通过天然水稻雄性不育株研究发现水稻具有杂种优势，后培育出杂交水稻，解决了中国人民吃饭的问题，保障了国家的粮食安全，为其他发展中国家乃至全世界的粮食问题做出了巨大的贡献。

4.2 生态湿地功能

　　湿地是地球重要的生态系统之一，也是人类赖以生存发展的自然环境。湿地及其生态系统生息着多样化的生物，具有较高的生产力，在自然循环的过程中发挥着生态功能，为人类生产生活提供自然资源，同时蕴含着丰富的经济、社会和美学价值，满足人类生存、经济增长、科学研究等方面的需求（图4-2）。

净化水体环境

应对极端天气

应对气候变化

为生命提供条件

供应涵养水源

促进相关产业发展

为野生物种提供栖息地

提供物质基础

生态旅游和教育科研

图 4-2　湿地的生态机能与效益功能

4.2.1　生态机能

（1）维持生物多样性　湿地为多种生物群落，包括野生动植物、珍稀和濒危物种等提供栖息和繁殖地。部分特殊的生物群落脱离湿地环境将无法生存，如滨海湿地中存在的红树林等。具体已在 4.1.2 "湿地生物多样性"中阐述，在此不再赘述。

（2）调蓄洪水　湿地在维持地表水平衡、调节河川径流方面发挥着重要的作用。在一些河流的上游流域，草甸和泥炭地如同天然的海绵，吸收雨水的同时使湿地土壤中缓慢渗透水分，当草甸与泥炭土壤完全饱和而无法进一步吸收水分时，池塘和泥炭植被的存在又有助于减缓和减小河水径流。因此，湿地调蓄水资源的强大能力极大地减少了灾害性洪水的暴发，使人类的生活、生产以及生命免遭威胁。

（3）涵养地下水源，补充地下水　湿地作为自然生态系统与区域地下水含水层相连通，当湿地的水位高于周围陆地潜水层时，湿地可以及时补充地下水；如果湿地水位低于周围陆地潜水层时，湿地又可以作为地下水的排泄区，时刻为人类生活、农业工业发展提供水源。湿地补给地下水的方式分为直接补给和间接补给。直接补给是水分通过湿地土壤直接渗透进入地下水含水层；间接补给是指水体通过地表径流流入可渗透的土壤或河流，再通过可渗透性基底补给地下水，如图 4-3 所示。

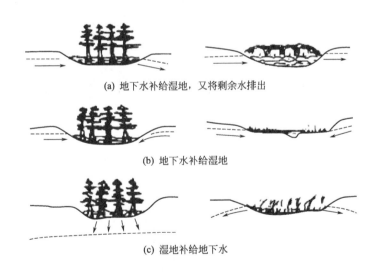

(a) 地下水补给湿地，又将剩余水排出

(b) 地下水补给湿地

(c) 湿地补给地下水

图 4-3　湿地与其地下水的补给关系

（4）净化水质，降解污染物　在湿地的物质分解范围内，通过土壤、植物、微生物及其化学作用，降解和转化工农业污染和排放物等有毒物质。湿地独特的吸附、降解和排除水中污染物、悬浮物和营养物的功能，使潜在的污染物转化为资源。尤其是对于生活污水和农业地表径流中富含的高浓度氮、磷元素，湿地的净化作用更为显著，从而防止人类饮用水的氮、磷浓度过高，减少地表水发生富营养化的情况。

（5）维持区域小气候　大面积的湿地含水量丰富，由于水体的比热容小于陆地，吸热、放热缓慢，因此在湿地区域气温波动幅度较小；同时湿地通过大气水循环（图4-4），产生的大量水蒸气不仅可以保持区域范围内的空气湿度和降水量，

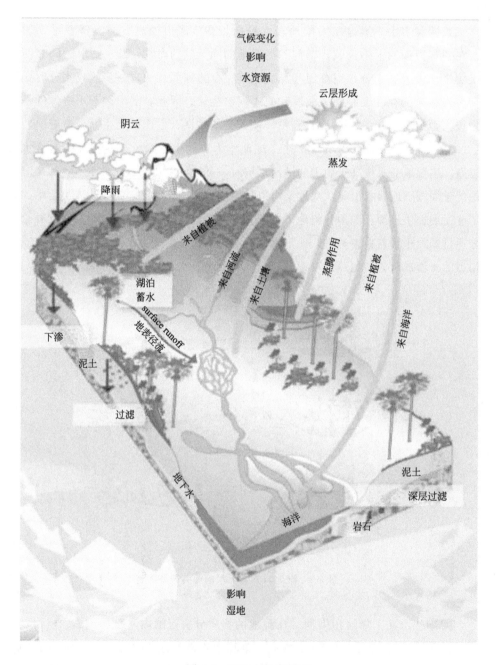

图4-4　湿地大气水循环

减少土壤水分丧失，还可以诱发降雨，增加地表和地下水资源，使其区域内部更为温和湿润，对稳定区域气候条件具有明显的作用。以三江平原沼泽湿地与附近耕地为例，两者位于相同的海拔高度，湿地平均气温低于耕地气温 0.4～2.6℃，湿地的平均相对湿度比耕地高 7%～13%。

（6）稳定海岸线，抵御侵蚀　河口、滨海湿地中珊瑚礁、红树林和盐沼可以抵御海岸潜在的危害。湿地植被由于植物根系和堆积的植物残体能够加强对海岸的固化作用，减缓风暴潮和海浪水流的冲力，因此海岸湿地如同一道天然屏障保护海岸、抵御侵蚀。如红树林作为生长在陆地与海洋交界带的特殊生态湿地系统，根系发达，具有良好的消浪、缓流和促淤作用。红树林对海水流动的阻碍，可以使原有的海浪流速降低 9/10；50m 宽的红树林带，可使 1m 高的海浪减至 0.3m 以下；其纵横交错的根系，可最大限度地保留住直径<0.01mm 的悬浮沉积物，其积於速度是附近裸地的 2～3 倍。此外，位于海岸的红树林还具有防风固沙的作用，我国东南沿海的红树林与美国西海岸的红树林，可以有效阻挡台风冲垮岸堤，促进海湾内沙丘的形成，为其他植物的生长提供有利条件（图 4-5）。

图 4-5　红树林沼泽防风和消浪作用

（7）贮藏碳素，为地球的稳定做出贡献　由于湿地的生态特性，湿地的植被生长和促淤造陆等生态过程中积累了大量的无机碳和有机碳，且由于湿地土壤厌氧环境中微生物分解活动弱，土壤吸收和释放二氧化碳缓慢，形成了富含有机质的湿地土壤和泥炭层。湿地植物通过自身器官、生物构造组织及光合作用等，将大气中的氧气与二氧化碳进行吸收和释放的转化。沿海湿地作为地球上碳密度最大的生态系统之一，潮汐现象驱动的盐水每天两次滋养其土壤，盐水抑制了植物碎片的微生物分解，将植物碎片的碳能量稳定地锁在土壤中。沿海的碳储存 50%～90% 多发于土壤中，而非植物中。泥炭地约占地球陆地面积的 3%，但却能够储存近三分之一的陆地碳，是全球最大的碳库，超过农业生态系统、温带森林及热带雨林的碳储量之和，所固定的碳素是温带森林的 5 倍，单位面积的红树林沼泽湿地固定的碳是热带雨林的 10 倍。由此可见，湿地具有强大的固碳功能，在贮藏碳素、应对气候变化的过程中发挥了极大的作用。

4.2.2 效益功能

湿地及其生态系统要素为人类提供的资源，通过合理利用，能够转化为巨大的经济效益与社会效益。湿地及其生态系统在满足人类物质生活、精神世界与个人审美等方面发挥着不可忽视的作用。

（1）经济效益

① 提供水资源和能源。水环境、水要素是人类生存发展中不可或缺的自然生态要素。广阔多样的湿地，作为涵养水源的重要空间环境，为人类生产、生活提供了重要的水资源。湿地的不同类型，如天然沼泽、河流、湖泊和人工建立的水库在水资源利用方面发挥着重要的作用。湿地水资源能够发展水电、水运，增加电力和交通运输能力等，其中，湿地水能以可持续发展的性能成为中国电力供应的重要组成部分。

② 提供矿物资源。湿地土壤中蕴含着丰富的矿砂和盐类资源，在沼泽（湿原）堆积的泥炭作为燃料及原材料被广泛应用于工业发展。以湛江湾南海堤典型的红树林湿地土壤为例，通过对土壤颗粒形貌进行研究，发现其土壤矿物主要由高岭石、石英、白云母、埃洛石、地开石和蛇纹石等组成。与无植被滩涂土壤相比，红树林湿地土壤矿物类型更为多样，主要元素组成为碳（C）、氧（O）、硫（S）、铝（Al）、硅（Si）、镁（Mg）、铁（Fe）等，常见铜（Cu）、锌（Zn）、钼（Mo）等重金属元素与较丰富的硫化物。

③ 提供动植物资源。湿地动植物资源以较强的实用价值成为人类发展农、渔、副产品的重要资源，包括木材、药材、动物皮革、肉蛋、鱼虾、牧草、水果、芦苇等，其中，鱼类具有丰富的蛋白质和营养物质，能够为全球 30 亿人口提供动物蛋白，通过对鱼类种群科学养殖的可持续性管理，能够在全球粮食和安全中发挥更加重要的作用。

（2）社会效益

① 文化教育与科研价值。人类生存依赖于自然环境，并从中了解、习得大自然的"智慧"，湿地促进人类社会的发展与进步，造就了现代人类的文明和文化。部分湿地留存着古代人类活动的印记或具有历史价值的文化遗址，对地球地理环境演化和古环境的研究具有重要作用。湿地的生态系统及其水、土壤、生物（植物、动物、微生物）要素为自然地理环境和生态保护等方面的科学研究奠定了基础，吸引着地理科学、生态科学和环境科学的专家学者前来进行科学考察。

同时，无论从保持生态协调和自然环境的良性循环，还是从保护生物多样性来看，湿地都有着重要的环境意义。开展湿地生态教育，可以使人们对湿地的独特生态功能、环境意义和资源价值有更加深刻的理解，使人们了解湿地与自然、湿地与社会、湿地与人类的关系，认识到湿地是地球最重要的生命支撑系统之一。因此，湿地对人类认识自然、保护自然具有教育意义，是生态科普的重要空间场所。

② 观光旅游与美学功能。生态湿地拥有优美的自然景观，风光秀丽，经过合理保护与科学开发管理，能够作为独特的自然风貌吸引人们驻足观光，是人们旅游、度假、疗养的理想之地，尤其是一些著名的湿地风景区更是生态旅游的绝佳胜地。如杭州西溪国家湿地公园河网交叉纵横，生态资源与自然景观丰富，文化积淀深厚，集休闲游览、科研科普教育、水生植物繁育、民俗活动举办、文学艺术创意产业等于一体，核心景点有泊蓭、烟水渔庄、洪钟别业、河渚街、西溪水阁、梅竹山庄和湿地植物园等。其中富有特色的湿地植物园以西溪基塘系统、河流驳岸等生态空间展示了多样的湿地植物类型，将全国范围内水生、湿生植物的收集、栽培和展览作为主要内容，向参观游客展示了水生植物的配植方式，科普了引种繁育的功能。此外，湿地独特的风光促进人对自然美学的观察与美学思维的产生，如艺术绘画审美、自然创意美学等，具有一定的美学价值。

内陆湿地与沿海湿地类型不同，提供的价值服务也不同，具体见表 4-1 与表 4-2。

表 4-1 内陆湿地提供的价值服务

功能	服务	注释与示例	永久和临时河流	永久湖泊,水库	季节性湖泊,湿原和沼泽,包括洪泛区	森林湿地,湿原和沼泽,包括洪泛区	高山和苔原湿地	泉水和绿洲	地热湿地	地下湿地,包括洞穴和地下水系统
提供	食物	鱼、野味、水果、谷物等的生产	●	●	●	●	·	·		
	淡水	存储和保留水,提供灌溉用水和饮用水	●	●	●	·	·			●
	纤维和燃料	木材、薪材、泥炭、饲料、骨料的生产	●	●	·	●	●	·		
	生化产品	从生物种群中提取材料	·	·	?	?	?	?	?	?

续表

功能	服务	注释与示例	永久和临时河流	永久湖泊,水库	季节性湖泊,湿原和沼泽,包括洪泛区	森林湿地,湿原和沼泽,包括洪泛区	高山和苔原湿地	泉水和绿洲	地热湿地	地下湿地,包括洞穴和地下水系统
提供	基因材料	药物;抗植物病原体的基因,观赏植物基因,等等	•	•	?	•	?	?	?	?
调节	气候调节	调节温室气体、温度、降水和其他气候过程	•	●	•	●	•		•	•
	水文状况	地下水补给和释放,为农业或工业储存水	●	●	●	●	•	•		•
	污染控制与排毒	保留、恢复和移除过多的养分和污染物	●	●	•	●	•	•		●
	防腐蚀	保留土壤和预防结构性变化(例如沿海侵蚀、河岸塌陷等)	●	•	•	●	?	•		•
	自然危害	防洪,防风暴	●	●	●	●	●	•		•
文化	精神和鼓舞人心	个人感觉和幸福感,宗教意义	●	●	●	●	•	●	•	•
	休闲娱乐	旅游和娱乐活动	●	●	●	•	•	•		•
	审美	欣赏自然景观	●	●	•	●	•	•		•
	教育性	正规和非正规教育、培训	●	●	●	●	•	•	•	•
完善辅助	生物多样性	本地物种或临时迁移物种的栖息地	●	●	●	●	•	•		•

续表

功能	服务	注释与示例	永久和临时河流	永久湖泊,水库	季节性湖泊,湿原和沼泽,包括洪泛区	森林湿地,湿原和沼泽,包括洪泛区	高山和苔原湿地	泉水和绿洲	地热湿地	地下湿地,包括洞穴和地下水系统
完善辅助	土壤的形成	沉积物的保留和有机质的积累	●	·	●	●	·	?	?	
	营养循环	营养物的存储、回收、加工和获取	●	●	●	●	·	·	?	·
	授粉	促进传粉	·	·		●	·			

注：1. 内容来源于《拉姆萨尔技术报告 3：重视湿地：评价湿地生态系统服务所带来益处的指导》（*Ramsar Technical Report 3：Valuing Wetlands：Guidance for Valuing the Benefits Derived from Wetland Ecosystem Services*）。

2. · 表示低等水平，● 表示中等水平，● 表示高等水平，? 表示未知，空白单元格表示该服务不适用于该湿地类型。表中信息代表专家对湿地全球平均模式的看法。

表 4-2　沿海湿地提供的价值服务

功能	服务	注释与示例	河口和沼泽	红树林	泻湖,包括盐池	潮间带,海滩和沙丘	海带	贝壳礁	海草床	珊瑚礁
提供	食物	鱼、藻类和无脊椎动物的生产	●	●	·	●	·	●	·	●
	淡水	存储和保留水,提供灌溉用水和饮用水	·		·					
	纤维,木材,燃料	木材、薪材、泥炭、饲料、骨料的生产	●	●	●					
	生化产品	从生物种群中提取材料	·	·			·			·
	基因材料	药物;抗植物病原体的基因,观赏物种的基因,等等	·	·			●			·

续表

功能	服务	注释与示例	河口和沼泽	红树林	泻湖，包括盐池	潮间带，海滩和沙丘	海带	贝壳礁	海草床	珊瑚礁
调节	气候调节	调节温室气体、温度、降水和其他气候过程，调节大气化学成分	●	●	●	·		·	·	●
	生物规律	抵抗物种入侵，调节不同营养级别之间的相互作用，保留功能多样性和相互作用	●	●	●	·		·		·
	水文状况	地下水补给和排泄，储存农业或工业用水	·		·					
	污染控制与排毒	保留，回收和去除多余的营养物和污染物	●	●	●		?	·	·	·
	防腐蚀	保留土壤	●	●	·				·	·
	自然危害	防洪，防风暴	●	●	·	·	·	●	·	●
文化	精神和鼓舞人心	个人感觉和幸福感	●	·	●	●		·	·	●
	休闲娱乐	旅游和娱乐活动	●	·		●				●
	审美	欣赏自然景观	●	·	●	●				●
	教育性	正规和非正规教育、培训	·	·	·	·		·		·
完善辅助	生物多样性	本地物种或临时迁移物种的栖息地	●	●	·	●		●	·	●

功能	服务	注释与示例	河口和沼泽	红树林	泻湖，包括盐池	潮间带，海滩和沙丘	海带	贝壳礁	海草床	珊瑚礁
完善辅助	土壤形成	沉积物的保留和有机质的积累	●	●	·	·				
	营养循环	营养物的存储、回收、加工和获取	●	●	●	·	·	·		●

注：1. 内容来源于《拉姆萨尔技术报告3：重视湿地：评价湿地生态系统服务所带来益处的指导》（*Ramsar Technical Report 3*：*Valuing Wetlands*：*Guidance for Valuing the Benefits Derived from Wetland Ecosystem Services*）。

2. ·表示低等水平，●表示中等水平，●表示高等水平，？表示未知，空白单元格表示该服务不适用于该湿地类型。表中信息代表专家对湿地全球平均模式的看法。

第 5 章
生态湿地效益评价

对湿地进行合理的评价是保护、开发和管理湿地的基础。湿地评价是基于对湿地生态系统客观、科学的认知，对湿地的生态功能、社会经济效益、美学功能进行"价值量化"的过程，以此来指导人们对湿地的开发、建设与管理。湿地评价涵盖多种学科和角度，如地理、水文、气候、生物等，且由于评价者的出发点、所占学科角度的不同而呈现多样化，不同国家、学者之间的湿地评价各有不同，因此，并无统一的评价标准和体系。

从设计专业的角度出发，湿地效益评价可对应湿地的功能，基于生态学、经济学和环境学三大方向开展，如图 5-1 所示，湿地的经济效益主要表现在为人类生产、生活提供资源，生态效益表现在湿地及其要素对自然生态环境中的重要作用，环境效益则体现在湿地自然的空气调节、废弃物吸纳、存在价值等方面。

图 5-1 生态湿地效益评价指标体系

图片来源：臧正. 吉林西部自然保护区湿地生态效益及生态恢复评价 [J]. 应用生态学报，2014，25(5)。

5.1 湿地效益生态学评价

在湿地评价分类方法中，包括湿地环境影响评价，以美国为例，其环境政策"减轻环境负荷"和环境影响评估如下。

5.1.1 美国环境政策——减轻环境负荷

美国环境问题的解决起源于1868年禁止在阿拉斯加州进行以皮毛为目的的狩猎。从1950年左右伴随着急速工业化发展的大局势，美国临海部分的海洋污染严重，尤其是切萨皮克湾、旧金山湾等封闭性水域进行的填海，限制了河口区域大范围水深，浅部容易开发的沿岸区域的湿地带进而消失，水质恶化显著，许多水生动植物灭绝。同时，市民与海岸线的联系及景观也开始遭到破坏，由此，美国开始关注沿岸区域的环境问题。

针对越来越多的填海工程所进行的地域开发和再开发，1970年后半期，管理水行政的美国陆军工程兵团（United States Army Corps Engineers，USACE）以及海湾保护开发委员会（BCDC），提出"减轻环境负荷"的概念，并成为国家的行政指导。该政策以"人类的行动让环境受到什么影响"为前提，是以缓解人类行为影响为目的的一种环保手段。在进行开发行为前对给环境带来的影响进行评价，依照定义①～⑤，或者根据它们的组合，力求消除开发者对环境的影响。

① 回避由于无法实施某种行为的全部或者一部分所带来的影响。

② 限制某种行为或者其规模和程度，把影响限制在最小程度。

③ 矫正那些对受到影响的环境修复、恢复或者改善而带来的影响。

④ 进行某种行为的整个过程中，加强保护以及尽量减轻甚至去除其影响。

⑤ 根据提供的替代资源或者环境，或者是与之替换所带来影响的代价。

此外，陆军工程兵团根据《水净化法》（CWA），详细规定了"减轻环境负荷"的许可标准。以此来限制所管辖行政区的水流、水质、底生动植物等。

"减轻环境负荷"的政策实施对当地景观的形成起到了一定的作用。通常来讲，包围海滩的折流坝和防波堤等海岸构筑物中，以面的防护形式的人工沙滩在沿岸区域随处可见。而"减轻环境负荷"政策下的防护手段——沿着水边线设置直立的护岸等与之前海边沙滩只设计成面的防护方式相比，增加了易风浪潮侵蚀的海边沙滩和背后地域的防灾功能，沿岸区域的动植物生态系统的繁殖机能和海水浴等的休闲娱乐机能使其成为了满足多种多样机能的空间。但照此设置的海岸构筑物，从景观角度来看，裸露混凝土的折流坝和道路便成为了又一课题。因此，"减轻环境负荷"

的海边沙滩的防护手段，从先前海滨美景所采用的海岸构筑物的景观设计手法，变为现在的还原正逐渐失去的海边沙滩的风情景观，这才是大众所期望的。景观的形成，对于规范沿岸区域的风土人情，实现原汁原味的风土，使其成为人们与时代变迁共有的历史遗留产物，具有很重要的意义。

5.1.2　环境影响评估

环境影响评估（environmental assessment）又称环境评价或者环境事前调查，是指在项目规划和建设开发前，就开发行为（改变土地形状、运行作业机器等）可能对环境产生的影响进行相关调查、预测、评价，在分析结果的基础上，针对必要性开发行为的不良环境影响提出预防或缓解的应对方法与措施。

关于环境影响评估的制度化，以 1969 年美国颁布的《国家环境政策法》（*National environmental Policy Act*）为开端，之后，各国以各种各样的形态将其制度化。

① 规定环境法律起源于美国，其他规定环境法律的国家有加拿大、德国、韩国等。

② 规定了城市规划和建筑法的国家有英国等。

③ 对于行政指导，其代表国为日本。

从环境影响评估的实施时期和评价的视角来看，对于美国关于环境的事前评价制度和"减轻环境负荷"的制度，日本所实施的相关内容中，环境影响评估已达到接近解决的阶段，评价的焦点主要为维持现状或者环境"保全"，两国的手法截然不同。

5.2　湿地效益经济学评价

1996 年在澳大利亚布里斯班举行的第六届《湿地公约》缔约国大会通过了《湿地公约》6.10 号建议，该建议"注意到湿地提供给人类广泛的效益，但其经济价值未被记载或未被理解，部分原因是湿地价值未列入已建立的金融指标之中；进一步注意到对湿地非市场价值的研究极少；意识到湿地向人民提供产品和服务的经济评价，可以作为国家和国际的重要工具来计量对湿地的负面影响，也是预防手段的重要补充"。

人类物质文明和精神文明发展的基础，来源于自然生态系统，自然生态系统为人类提供物质生活资源和文化精神服务和功能，根据戴利（1997）主编的《自然的服务：人类社会对自然生态系统的依赖》（*Nature's Services：Societal Dependence on Natural Ecosystems*）以及科斯坦萨（Costanza）❶ 等 13 位科学家对全球生态系统服务价值的评估研究，及国内外相关研究结果来看，湿地的单位面

---

❶ Costanza，美国马里兰大学生态经济学研究所所长。

积生态服务价值在各类生态系统中都居于首位，因此，国际上针对湿地生态系统服务（ecosystem services）的评价日益重视。

生态系统服务是自然生态系统维持和满足人类生存、维持生物多样性以及生产食物、木材、纤维、药材、工业原材料等生态系统产品的条件和过程。从人类自身的视角来看，生态系统服务是人们从生态系统中直接或间接获得的生态系统产品和服务。联合国千年生态系统评估（Millennium Ecosystem Assessment，简称为MA）计划综合上述定义，将生态系统服务价值定义为人类从生态系统获取的有形或无形的效益。生态系统服务价值是人们对生态系统服务（或称生态系统服务功能）的定量评估，能够充分反映生态系统和自然资本价值，是判断生态系统受损程度及对其实施恢复的重要依据。

生态系统服务价值既包括为人类提供食物、能源以及原材料等可直接利用的价值，还包括维护生态平衡、保护环境等为人类间接利用的价值，因此生态系统是个具有多重反馈、结构复杂的开放系统。由于其兼具动态性、随机性和区域性，因此对其整体价值进行计算相对来说比较困难。

生态系统服务的定量评价方法主要有三类：能值分析法、物质量评价法和价值量评价法，分别从太阳能值计量、物质量和货币价值量的角度来对生态系统提供的服务进行定量评价。全球与中国生态系统服务价值对比如表5-1所示。

表5-1　全球与中国生态系统服务价值

区域	总价值			单位价值		
	总价值/(10^{12}美元/a)	湿地价值/(10^{12}美元/a)	比例/%	平均单位面积价值/[美元/(hm²·a)]	湿地单位面积价值/[美元/(hm²·a)]	倍数
全球	33.3	10	30.3	708	14785	20.9
中国	0.95	0.33	34	630	12689	20.1

注：引自陆健健，湿地生态学，北京：高等教育出版社，2006。

5.3　湿地效益美学评价

20世纪40年代，美国学者利奥波德（Aldo Leopold）曾表达关于"土地美学"的思想，他认为，土地保护不能只从土地利用的经济价值来思考问题，而是要在兼顾土地审美的需求之上进行开发利用。"土地美学"一词由J.B.卡利科特（J.B.Callicott）所确立，他主要表达关于自然美学和土地美学的看法。土地美学与人和土地、自然的互动相关联，包含着生态平衡、人与环境的和谐关系所呈现的美学意义。

湿地作为水陆过渡的特殊存在，在国土空间规划的宏观背景下，"土地美学"思想下的湿地建设与管理将独具特色。湿地蕴含着丰富的人文价值、历史价值、科学价值和美学价值，湿地通过其要素构筑景观空间，承载自然变化和人类活动，湿地景观具有美学功能，引导人们的审美认知、审美心理等行为活动的产生和变化。

湿地的美学价值是基于对湿地生态系统的尊重与保护，人类及其社会实践活动对湿地生态系统的能动作用下所产生的审美认知及其活动，是"人与自然、社会趋于动态平衡与和谐一致的审美状态"❶，主要包括自然生态美、人文风情美、艺术设计美等。自然生态美包括不同生物群落所表现的生物多样性及其在生态系统的循环中所产生的自然生物状态，是"原生态"、不受人的行为活动干扰下的自然美；人文风情美表现在人类社会活动与自然生态环境相互作用关系中所产生的文化、民俗、思想精神方面的美学价值；艺术设计美则表现在人类能动作用对湿地等自然生态环境产生的积极影响，如通过运用艺术设计手法来彰显人与自然生态的和谐美。

湿地评价按照一定的流程及路线进行，根据崔丽娟、张明祥发表的论文《湿地评价研究概述》❷ 中提出的湿地评价路线，如图 5-2 所示，湿地评价分为确定理论基础、评价分析及实践操作三个阶段。阶段一需明确评价目的、制订评价原则、选择评价方法；阶段二针对湿地进行详细分析，包括"确定所评价湿地的类型、范围、界限，展列出湿地全部效益或性质，进行效益归类或重要性分级（分层）"；阶段三开展湿地评价实践内容，通过资料、信息的搜集与积累，选择评价方法与技术，实现具体操作。

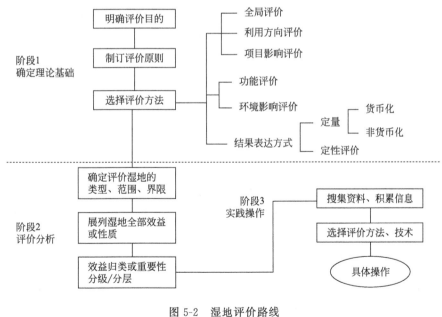

图 5-2　湿地评价路线

❶ 施军. 城市湿地美学价值评价研究［D］. 杭州：杭州师范大学，2019。
❷ 崔丽娟，张明祥. 湿地评价研究概述［J］. 世界林业研究，2002，15（6）。

第 6 章
生态湿地保护

从中文释义的角度出发，将"保护"二字拆解，可理解为"保卫"与"防护"，基于此，生态湿地的保护可理解为，对生态湿地及其生态系统进行自然状态下的保存和维系，防止受人为因素的干扰和损害。在日本，在《自然环境法》等相关法律条文方面有一个强制力词语——"保全"（ほぜん），意为保护并使之安全。与之相对应，"保全利用"一词在日本也被广泛使用，意为自然环境以及历史遗产等，为了凸显出其重要性以及被社会所认识，一般对外开放一部分用于教育以及自然保护的启蒙及宣传等活动。

湿地因生态系统及其要素的特性，需要人类持续关注，并施以政策法规与科学技术措施、手段的保护或修复，以维持生态自然平衡与人类可持续发展。

6.1 湿地保护政策

针对湿地保护，全球各国根据本国湿地现状制定相关国家政策，构筑湿地的"保护网"，成为湿地保护的"软"支持，用以指导生态湿地保护工作的开展。美国、中国、日本的湿地保护政策如下。

6.1.1 美国

美国对于湿地的研究较早，国家对于湿地保护的政策法规不断进行调整与更新。1972 年美国颁布的《清洁水法》第 404 节，已出现了保护湿地的相关条款；1985 年出台的《食品安全法》中的"大沼泽条款"，进一步扩大了湿地的保护范围；1987 年召开的"国家湿地政策论坛"上，提出了"无净损失"（no net loss）的湿地目标，即任何地方的湿地都应该尽可能地受到保护，转换成其他用途的湿地数量必须通过开发或恢复的方式加以补偿，从而保持甚至增加湿地资源基数。随后，湿地的"无净损失"目标相继被老布什❶和克林顿❷政府所采纳。从 2004 年 4 月布什总统提出湿地新目标到 2006 年 4 月的两年期间，美国农业部（United States Department of Agriculture，简称 USDA）、国家海洋与大气管理局（National Oceanic and Atmospheric Administration，简称 NOAA）、美国陆军工程兵团、美国内政部（United States Department of the Interior）、美国环保署（United States Environmental Protection Agency）根据沿岸湿地规划保护恢复法通过各项计划项目于 2006 年和 2007 年进行的财政预算总投入分别是 6.9 亿美元和 9.2 亿美元，美国交通部虽未直接投资，但却通过对道路建设及对湿地影响的评估进行了湿地恢复的资金补偿。两年来，美国共恢复、改良和保护了 179.7 万英亩（1 英亩≈0.004km²，下同）的湿地，其中，恢复或新建 58.8 万英亩，改良 56.3 万英亩，保护 64.6 万英亩。因此，前两年已完成了五年任务目标的 60%。

虽然美国联邦、州、地方各级政府的湿地保护政策各不相同，但联邦政府对湿地的管理负主要责任。由下列联邦机构管理湿地：陆军工程兵团（负责航行与供水），环保署（负责保护湿地物理、化学、生物的原始完整性），鱼类与野生生物事务局（管理鱼和野生生物），内政部、商业部、国家海洋与大气管理局（负责管理国家的海岸资源），农业部自然资源保护局（负责保护湿地不受农业活动影响）。

在美国，联邦政府制定的有关湿地法规有两大类：支持湿地转为他用的法规和阻止湿地转为他用的法规，具体如下。

（1）支持湿地转为他用的法规

① 美国交通部制定的《联邦高速公路法》（1968），认为湿地是高速公路的最优选址。

② 美国农业部的《联邦农作物保险法》间接鼓励农民在河漫滩区耕种。

③ 美国林业局（United States Forest Service，简称 USFS）、美国土地管理局（United States Bureau of Land Management）制定的《联邦家畜放牧法》，认为过量放牧势必减少水边动植物的栖息地。

④ 美国内政部《地表开采管理与垦复法》（1977）。

（2）阻止湿地转为他用的法规　《综合环境反应、赔偿与义务法》，《国家环境政策法》（1969），《河口保护法》，《联邦水污染控制法》，《全国洪涝保险章程》，《联邦水工程法》，《鱼类和野生生物协调法》（1956），《河流与口岸法》，《流域保护与防治法》，《沿海湿地规划、保护与修复法》，《紧急占用湿地资源法》（1986），

❶ 乔治·赫伯特·沃克·布什（George Herbert Walker Bush）（1924—2018），美国第51届第41任总统。

❷ 威廉·杰斐逊·克林顿（William Jefferson Clinton）（1946—），美国第42任总统。

《联邦拯救野生生物修订法》,《鱼类和野生生物保护法》,《草地法》,《北美湿地保护法》,《水堤法》,《水资源开发法》等。

6.1.2　中国

目前中国已加入许多关于湿地保护的公约、协定,并使其成为国家湿地保护法律体系的部分。1981 年与日本签订了《中华人民共和国政府和日本国政府保护候鸟及其栖息环境的协定》,同年中国加入《濒危野生动植物物种国际贸易公约》(即华盛顿公约 CITES,Convention on International Trade in Endangered Species of Wild Fauna and Flora),1986 年中国与澳大利亚共同签署了《中华人民共和国政府和澳大利亚政府保护候鸟及其栖息环境的协定》,1992 年在里约热内卢签署《生物多样性公约》,1992 年中国正式加入《湿地公约》,1996 年加入《保护世界文化与自然遗产公约》等,这些公约、协定都是重要的保护湿地资源国际法[1]。

根据中国国家宏观层面的湿地保护政策与法规,各地出台了相应的地方性法规。2002 年河北省出台《河北衡水湖湿地和鸟类自然管理区办法》,拉开了地方立法的序幕,随后许多省、市人大及常委会出台了湿地保护地方性法规,如《黑龙江省湿地保护条例》《浙江省湿地保护条例》《杭州西溪湿地国家湿地公园管理条例》等。2006 年原国家林业局发展计划与资金管理司发布《全国湿地保护工程实施规划(2005—2010 年)》,以保护与恢复工程为重点,加强对自然湿地的保护监管,努力恢复湿地的自然特性和生态功能,初步扭转自然湿地面积减少和功能下降的局面,为中国实施可持续发展战略服务。

国家湿地保护的相关立法如下。2013 年原国家林业局颁布《湿地保护管理规定》,这是对湿地保护的首次专立法,该规章的出台统一了全国的湿地立法工作,填补了湿地专门立法的空白,对湿地保护立法体系的完善有重要意义。《国家湿地公园管理办法(试行)》是对湿地公园进行专门规定,除此之外涉及湿地的法律法规包括《中华人民共和国宪法》《中华人民共和国环境保护法》《中华人民共和国海洋环境保护法》《中华人民共和国森林法》《中华人民共和国草原法》《中华人民共和国水法》《中华人民共和国野生动物保护法》《中华人民共和国水污染防治法》《中华人民共和国刑法》《中华人民共和国土地管理法》《中华人民共和国渔业法》《中华人民共和国防洪法》等法律以及《中华人民共和国自然保护区条例》《海洋自然保护区管理办法》等法规、规章。这些法律法规的出台,在中国湿地保护专门立法空白的情况下,起到了保护湿地的重要作用,在《湿地保护管理规定》出台后,这些法律基于其调整对象涉及湿地的各要素,仍然在发

---

[1] 李晓青. 中国湿地保护立法研究 [D]. 大连：大连海事大学,2015。

挥作用❶。

2014 年修订的《中华人民共和国环境保护法》（以下简称环保法）是环境保护领域的基本法，该法的修订扩大了对湿地的保护力度，对湿地保护立法具有重要意义。该法自 2015 年 1 月 1 日施行，其中，适用于湿地保护的规定有以下几条：第 2 条规定环境的范围包含了湿地的范畴，这是首次将湿地纳入环境的范围，将湿地作为一种自然因素与水资源、森林资源等处于同等重要的地位，第 3 条规定海域也适用于该法，扩大了环保法的适用范围，同时海域也存在湿地类型。第 29 条第 2 款对"珍惜、濒危的野生动植物自然分布区域，重要的水源涵养区域"进行保护，这些区域都涉及湿地，与湿地存在一定的交叉。因此也属于对湿地的规定。从环保法的其他规定来看，如果法条没做特殊的规定，这些条款都可以适用到湿地保护工作中，在湿地专门立法还不健全的情况下，环保法能够起到湿地工作的指引作用，可以为湿地保护提供立法依据，湿地专门立法制度尚不健全的可以参照环保法的规定。环保法的修改回应了基本法考虑湿地保护的诉求，在湿地保护立法上也是一大进步。

2021 年 1 月 20 日，《中华人民共和国湿地保护法（草案）》首次提请全国人大常委会会议审议，这是中国首次针对湿地保护专门立法。该草案从湿地生态系统的整体性和系统性出发，明确湿地保护方式，提出湿地利用要求，强化检查监督，构建起完整的湿地保护法律制度体系。

6.1.3　日本

日本在其《日本国宪法》第 13 条、第 25 条、第 29 条、第 94 条中，分别从公民权利、财产权限至、立法授权等方面对自然资源保护做出规定。但日本暂无针对湿地保护的综合性立法。有关湿地保护的法律规范散见于针对湿地生态系统中单项自然资源或特定区域保护的立法中，如《鸟兽保护及狩猎法》《濒危野生动植物保护法》《河川法》等法律中。此外，还有相关法律对影响湿地保护的开发、生产活动予以管制，如《水污染控制法》《湖泊水质保护特别措施法》《渔业法》等。

6.2　湿地保护技术

技术性手段是维护湿地发展，保护湿地的重要手段，科学技术是第一生产力，在湿地保护中，生态技术的应用是湿地保护的重要铠甲。湿地恢复技术包括生境恢复、生物恢复以及生态系统结构和功能恢复技术三方面。由于湿地生态系统结构和功能恢复技术处于摸索与试验过程之中，暂未形成系统的理论体系与技术方法，在

❶ 李晓青. 中国湿地保护立法研究［D］. 大连：大连海事大学，2015。

此不详细介绍。湿地生境恢复技术包括基底恢复技术、土壤恢复技术、水温与水质恢复技术等；湿地生物恢复技术主要包含湿地植物恢复技术、微生物恢复技术、水生动物恢复技术等，其中研究最多的为植物恢复技术。

湿地保护技术的日本传统治水工法如下。

近年来，在治理多自然型河川的时候，经常使用传统的河川工法。在日本昭和❶初期所使用的治水工法中，总结了使用自然材料的工法——护岸、护基·折流坝工，如图6-1所示。

注：术语解释
粗朶——砍伐的树枝
羽口——堤坝的倾斜面
栗石——在河原上零散的直径10～15cm的圆石
柴——木柴，也有粗朶的意思
连柴——把粗朶排成长20m左右，扎成捆
带梢——把樱花、扁柏、枫树等长3.6m以上的树枝混合在一起，做成栅栏

图6-1　日本传统治水工法材料

图片来源：島谷幸宏，河川風景デザイン，山海堂，1996。

护岸：是为了保护堤坝及河岸免受流水的侵蚀而做的保护措施，在其表面实施防护物。按照护岸所采用的材质，可分为植被生态护坡、斜面护坡和水泥护坡，如图6-2所示。

笼工：蛇笼是往像蛇一样的长圆形筒装笼子中堆积石块而形成的。石笼是向长方体的笼子中堆积石块而形成的。这种笼装工法是从中国古代传到日本的。

法留工：是为了稳固护岸覆盖工端部而做的构造物。护岸的损坏，与坡面覆盖工相比，基本上都是由于法留、护基部位的损坏而引起的。选用哪种更好，是需要事先做好充分的调查的。以木材为材料的法留工在不常干燥的情况下容易腐烂，其头部以不高于平均水位为佳。另外，法留工能够诱导流水，在水深、水急的情况下，其前

———————————

❶ 昭和，日本年号，1926年12月25日—1989年1月7日。

(a) 植被生态护坡　　　　　　(b) 斜面护坡　　　　　　(c) 水泥护坡

图 6-2　植被生态护坡、斜面护坡、水泥护坡

图片来源：多自然川づくり研究会，多自然川づくりポイントブックⅢ，公益社団法人日本河川協会，2011。

面必须进行加固处理。

折流坝：折流坝是限制浅水流域的宽幅，测量水深的增加，防止河床被冲刷，维持水流，以防护堤坝为目的，与水流方向呈直角设置的突出构造物。可分为上行折流坝、下行折流坝、直角折流坝。在材料的选择上有砂土（土出）、石造（石出）、蛇笼（笼出）、框架（框出）等种类。

折流坝可降低河岸部位的流速，促进沙土的沉淀，改变水流，维持浅水流域。折流坝是针对抵制水流方向，加固护岸的护基，防止被水流冲刷而做出的保护措施。用于稳固护基而使用的折流坝在昭和 30 年（1955 年）开始已经渐渐不再使用了，取而代之的是与折流坝工法相同的护基工法。

折流坝分为牛类、框类、出类 3 种，在框类中有在明治时代从荷兰引进过来的"粗朶"与土石做成的折流坝，经过改良后就变成了木工沉床。这之外的，就是日本从古代而承传下来的折流坝，也分为能够让水通过的通透型折流坝和不让水通过的封闭型折流坝，而牛类则是通透型折流坝的代表。

护基工法是以简单的桩工以及牛、框类为基础，主要运用蛇笼、"捨石"的工法。在框类中，特别是在沉床类中被广泛使用。现在信农川下游的护基使用的就是"粗朶"沉床。

沉床折流坝：利用沉床工法而制作的折流坝。特别是使用"粗朶"沉床或单床而做成的"粗朶"折流坝非常有名。这样的"粗朶"沉床是采用丁字形下沉法，在沉床的上部进行覆土，而形成了折流坝的功能。上部的覆土被称为上层工法，顶部的覆盖被称为上置工法。这种覆盖最初是使用贴石来进行的，但是为了降低流速而进行了打桩，在木桩间堆积石块，就变成了比较推荐使用的通透型折流坝了。在日本的折流坝工法论中，无论怎么堆积土砂都比较困难，有些地方还发生了深挖，从而造成沉床破损的例子非常多。因此，在急流河川较多的日本，能够发现很多这样的破损案例。伴随着这样的事实，进入到大正时代时，又开始重新考虑日本以前的牛类工法，之后便被使用起来。

木工沉床：由于"粗朵"沉床屡次流出，因此在明治❶中叶被研究出的工法中，会将松木或杉圆木组装成方形，在其中投入石材。这种沉床不会发生倾斜，而是会预先摊平河床。

6.3　生态湿地修复

湿地的恢复在概念上是指，运用技术或工程的手段，对正在退化或已经消失的湿地进行修复或再现的作业行为。2005 年前，中国湿地恢复项目是土木开凿，形成洼地，恢复水利条件，防止污染以及以管理为核心的项目。其中包含种植并栽培人工植物，创造湿地景观的湿地恢复项目。此类湿地恢复项目，对湿地生态系统具有一定的影响，如净化空气，调蓄洪水，提供水生动植物生存环境等机能，一般情况下能够实现湿地的恢复。但最重要的目的是实现美化环境的目标和经济目标。都市通过湿地的恢复，扩大生态环境的容量，构筑全新的休闲场所等，也就是通常所说的改善"软环境"，通过打造全新的适宜人类居住的环境，提升都市的竞争力。

湿地生态系统的恢复与湿地的恢复相比，更加强调生态系统的内容。即运用生态工程的手段与生态环境修复技术，来恢复生物的生命代谢活动，从而使水、土、空气、生物等生态系统各要素得到恢复，实现湿地生态系统的复杂性与安定性。

湿地生态系统的恢复与湿地的恢复在本质上的区别为，湿地生态系统的恢复强调生态系统的节奏和机能的恢复，期望能恢复到生态系统受影响之前的最佳节奏和机能，是以自然本位出发的理念。与之相对，湿地的恢复是以人类为本位，对湿地生态系统的恢复直接或间接地体现了人类的价值，即附加了生态系统服务（人类从自然生态系统中得到各种恩惠：粮食与纤维、木材、燃料、水与空气、气候的稳定、保水的机能等）。实际上，湿地生态系统的恢复与湿地的恢复并不冲突，湿地生态系统恢复是湿地恢复的目标，更注重湿地生态系统恢复后的自我维持。

生态修复（ecological remediation）以重建完整生态系统为目标，既要对退化生态系统的结构、组成和外貌进行恢复，还要对其生物学交叉作用、过程等进行重建与评价，是一个复杂的多目标系统工程。

6.3.1　水环境修复

湿地的水环境修复以德国巴伐利亚州的湖沼净化对策为例，具体内容如下。

---

❶ 明治，日本年号，1868 年 10 月 23 日—1912 年 7 月 30 日。

① 制订净化计划之前，动员各个领域的专家，进行密集的湖沼事态调查和组织（只听取单一领域专家建议进行大范围的调查研究资料缺乏科学性和系统性）。

② 以调查结果为基础，发挥最大效果，慎重探讨、决定预想的净化技术。

③ 尽量控制项目的成本，做到效率化、集中化。

④ 每年制订密集的计划，使这些计划落到实处。不允许过久的拖延。

⑤ 集中水域人口的用水率达到95％以上。下水道的连接遵照法律规定，违反者给予处罚。用水率在95％以下，则不能清楚地体现净化设施的效果。

⑥ 污水处理厂对于磷以及氮的处理（三次处理）必须执行，或设定极其严格的标准。

⑦ 湖岸的大部分保持自然的状态，水浴的沙滩随处可见，通过大范围的芦苇等水草进行保护，对净化水质及提高景观效果发挥作用。

⑧ 用集中露天式或者地下式的净水槽收集城市雨水，净化后流入河川。

⑨ 在最终处理场所被处理的水不直接流入河流中，而是将水导流到自然净化池，在此1~2日内，经过水草带的生物净化，可再次提高净化度。

⑩ 必须严格限制除使用救生艇等特殊工具外的情况，如为了避免因石油渗漏而造成的污染以及噪声、冲突等，限制在湖里使用摩托艇。

⑪ 严格设置渔业条约，完全禁止供饵养鱼。

⑫ 湖周边以及上游农家，应严格控制农药和人工肥料的使用量，根据《自然生态农法》进行农业作业，根据补助金制度得到补助支持。

⑬ 为防止农药、人工肥料和家畜的粪便等流入河川，广泛采用河川两岸被自治体买入作为公有土地的对策。

⑭ 设置行政、市民、专家之间交换信息和意见的场所，行政相关部门根据市民反应的净化对策的意见进行处理。

6.3.2　水生生物修复

进行保护或规划时，可将群落生境（生物生息地）分为三种类别。

① 具有广阔的面积，即使该区域中的地质程度有差别，但均一性较高的大面积生态系统（例如牧草地、森林、耕地、大面积的开阔水面）。

② 具有特别临近的大面积特定种类生物的生态系统（例如水域中的芦苇群落），或者是各种大面积生态系统内部呈岛状分布的生息地（例如，沼泽），以及小面积的生息地（例如芦苇植被、池沼、露出的地表）和点状生息空间。

③ 具有细长线状轮廓的生息地（例如林缘、灌木绿篱、小河）。

三种类型的群落生境分别具有各自的动物群落。一般情况下，面积特别大的生态系统中，动物品种与生态系统中所有种类相比，更应关注其中的特别部分（例如森林中树木的木桩、牧草地中开着的花、草本植被特定的阶层）中的物种。某些群落生境中能观察到的种类大部分是根据群落生境的状况（种类、品质、面积）与群落生境内部的"小构造"的空间配比来规定群落生境内部系统应有的状态的，其结果能够左右物种的生息。

6.3.3 土壤修复

湿地土壤修复以日本河川、湖沼、海域的驳岸为例。

（1）河川的案例 河川以治水为目的被彻底改造，改造后状态基本上被混凝土驳岸所包围。因此，从恢复河川自然状态的角度出发，首先必须恢复河川的蛇行状态。形成蛇行状态的最初阶段，就要恢复连续的渊、平濑、早濑形态，而实际上混凝土的驳岸以直线化的形态出现。为达到恢复蛇行状态的目的，需要在上游部分撤去100m的混凝土驳岸，驳岸两侧用石笼基础进行加固，在石笼上面覆土做出缓倾斜的土堤。

以上为二级河川恢复蛇行状态的案例，对于一级河川，涉及新的落差驳岸工法，应当顾虑到相应的各种因素。作为混凝土的替代品，应尽量选择使用粒状结构的综合体——堆石、蛇笼、石笼，达到海绵体构造的最佳效果。其中，生物在其内部空间寻求栖身之所，对丰富河川生态系统起到了重要的作用。在日本自古以来沿用此类做法，在河川工学研究者之间广泛流传和使用。

河川自然环境修复的办法见图6-3。

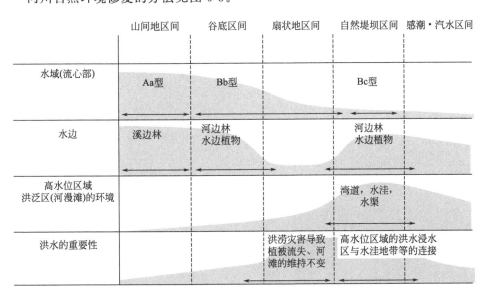

图6-3 河川的自然环境修复

图片来源：多自然川づくり研究会，多自然川づくりポイントブック，リバーフロント整備センター，2008。

（2）湖沼的案例　关于湖沼，由于驳岸混凝土化的弊端与河川相同，因此驳岸土坡化、缓倾斜化是恢复自然最基本的要求。根据水际线前后的水文状况、水深变化状况等能够观察与植物相关联的各种分布状态，这是自然湖沼的特征，此类湖沼的自然恢复技术正在研究中。

（3）海域的案例　在海域方面，混凝土驳岸正引起相同的问题，尤其是又长又大的防潮堤，分离了陆地与海岸之间的生态系统，丧失了地域生态系统的连续性。

在受海水侵蚀异常的海岸，通常使用混凝土制的四角混凝土块护岸。在较多数量的海滩，投入此类的大型粒状体，创造出了一种海绵构造，因此导致泥沙性鱼类减少甚至消失，取而代之的是岩礁性鱼类在此生息。四角混凝土块投入到海里后，会呈现强碱性，海藻类植物不能附着上面，因此会出现硬质状态，致使鱼类缺乏。

第 7 章
生态湿地开发与景观营造

7.1 生态湿地开发

开发，是指挖掘和利用自然资源，对生活起到一定作用的人类社会活动。生态湿地的开发要注重尊重自然法则，否则将转变为助长环境破坏的工具和途径。作为开发主体的人类与社会，难免在过程中出现理论和实践活动中的偏差，造成环境恶化。在"开发"一词的基础上，"可持续发展"（sustainable development）一词也引申而来，指能够满足将将来世代的要求与希望，而不造成任何破坏，同时也能满足现代的要求与希望而进行的开发。因此，生态湿地等自然资源的开发要建立在科学把握生态发展规律的基础上，分析开发条件与利害关系，有序、可持续化开展。

7.1.1 生态湿地开发条件

对于生态湿地的开发，一般根据湿地的可开发和利用条件，将自然海岸或河川周边开发为滨水区（图 7-1）。对滨水区所拥有的海域或水域环境（自然环境）

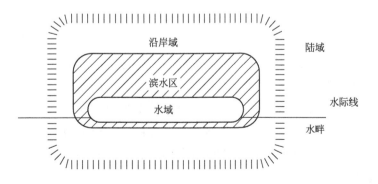

图 7-1 滨水区示意

图片来源：水環境創造研究会，ミチゲーションと第3の国土空間づくり，共立出版，1998。

的好坏进行评定，将一部分可开放的空间区域进行实体化开发。滨水区开发所应具备的必要条件表现为"水边开放""所在地域的连续性""与自然环境融为一体"。滨水区并不是都市中被割据出来的特别地域，而是都市构成的一部分。

亲水活动的设置与纵断方向河道特性具有相关性，一般为了捕捉亲水活动与河川特点的关系，较为有效的方法是从纵断方向河道特性的变化着手。在此从下游开始，按顺序把河道特性与亲水活动的关系进行区分。

① 河口部分，是河与海和湖的接点，具有很广阔的空间。流入海里和流入湖里时，由于波浪与水面变动的差异，河口的形状会有所不同，因此亲水活动类型也有所不同。

② 下游部分（对应三角洲河道），基本不会形成大的沙砾堆，流速快的水面、不太宽广的高水位置以及涨落潮差比较大的地方，会产生泥滩。在城市附近的泥滩区，比较盛行赶海以及游船等活动。

③ 中游部分（沙砾堆发达的区间），包含山间部分沙砾发达的区间，以沙砾堆以及河堰为中心的亲水活动较多。

④ 下游部分，沙砾堆减少，反之大型岩石较多，较多都为以景观出名的风景名胜地。在此区间以观光为主。活动以接触水、游泳、戏水等为主，或以露营为主。

7.1.2　生态湿地开发现状

生态湿地在开发中的不恰当行为会导致部分生态环境的破坏和自然资源的消失，如浅滩的消失。

湿地，包含浅滩的泥滩区，是构成物质循环、生物生产活跃的沿岸区域自然环境的重要空间。但此类人为浅滩的形成原因包括三方面，一是由于农业或居住而产生的围海、造田、填海、湖造地或者改变土地，二是在渔业活动中，非合法或过度地利用、采集，三是由于排水、农药、肥料等引起的水、底质层污染与富营养化并持续恶化。如在美国已流失了原有湿地的54％（8700万公顷）；在新西兰，自从欧洲人侵入以来，已有90％的潮浸区遭到破坏。此外，在发展中国家，由于建设养殖池，红树林遭到了砍伐；由于水坝的建设，泛滥平原消失，有相当规模的湿地以极快的速度遭到破坏。正由于此，美国开始把恢复湿地作为重点来处理。在日本，根据调查结果显示，全国的藻场与潮浸区的面积分别为20万公顷和5万公顷，与1978年的调查结果相比，藻场减少了6000hm^{2}以上（3％），潮浸区减少了4000hm^{2}以上（7％）。

对浅滩的高生产性过度利用会导致浅滩消失（图7-2）。如以可持续性发展为前提，并且对浅滩的机能以及消失的原因有一个正确的认识，就有必要及早地确立恢复浅滩与保护浅滩的技术及经济层面的对策，与此同时要及早地制订相应的管理制度。

图 7-2　浅滩的变化

7.1.3　生态湿地开发策略

　　滨水区原本是以港湾区域再开发为出发点形成的，最近新建立的海岸以及入江口等水陆相交的区域，被广泛地规划使用。在日本，最有名为在千叶县浦安市舞滨建立的东京迪士尼乐园。

　　滨水区规划可分为以下三类。

　　① 未来都市型：如东京的临海副都市商圈与横滨市港口未来 21 规划等，具有情报通信等高端技术的高层智能大厦、高层住宅、博览设施和亲水公园等。

　　② 观光名胜型：如北海道钏路市的渔人码头。

　　③ 综合度假地型：如长崎县佐世保市的长崎荷兰村、豪斯登堡（图 7-3）等。

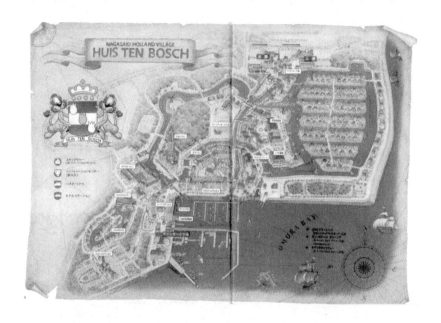

图 7-3 1992 年长崎豪斯登堡入园游览图

7.2 生态湿地景观营造

7.2.1 湿地生境与景观格局分析

湿地的生态环境与景观格局根据湿地分类、地域情况的不同而有所不同，在开展湿地的景观营造与环境建设过程前，对湿地现有条件、景观环境、生态要素的客观分析必不可少，结合上位规划、周边交通状况分析、功能需求分析等，才能对湿地进行较为系统的景观营造。

湿地的基底状况分析是整个湿地景观建设中的必要前提和基础，包括对湿地规模、湿地周边环境、基底环境要素、环境特征、湿地生态资源种类（动物资源、植物资源）等内容的分析。

7.2.2 生态湿地景观营造要点

生态湿地的景观营造以人的亲水性、对水环境的向往为出发点，最重要的营造要点为湿地水环境或滨水空间场所的打造。

可进行亲水活动的场所应进行相应适合水流流速、水深、横断方向的水理条件的活动，并认真分析整合适合游玩对象的生物以及河床材质，使亲水活动变得安全并具人气。对人们开展较活跃的亲水活动的场所,特别是对作为夏季亲水活动较重要的流水部位及水边物理条件进行分类,针对各个特征分为五大类别,并对创造各种相应条件的方法进行以下整理。

(1) 具有广阔且连续的水面的场所 在具有广阔水面和连续性水面的场所,可进行木筏、独木舟、帆船、划桨式小船等亲水活动。这样的活动是指,在有较长水面的河川中,进行纵断方向的游船活动,同时这也是有利于河川环境的较引人注目的活动。游船活动具体应在河口部分、下游部的航道、河堰的上游以及没有阻断的中游部分的航道进行。

(2) 由浅入深、水深逐渐变化的场所 水深是随着时间或是场所而渐渐变化的,比如泥滩区(水深随时间的变化而变化),沙洲(水深依照地点的变化而变化)等。一般来讲,水深是依据水流的速度而变化的。依照个人的嗜好和能力来选择相应的水深,各年龄阶层可以相应进行各种各样的活动。此类场所栖息着较多生物,同时也是进行亲水活动的重要场所。

(3) 水深很浅的场所(儿童戏水程度) 水深较浅的场所,能够保障儿童戏水的安全。但同时这个单一的条件也限制了其他年龄阶层,能够使用的人群类型比较单一。此外,该类场所不适合生物生息。能够产生这样场所的地方,一般为水流流量不大的小河川、水堰顶部以及某些河川泳池。

(4) 水深比较深(到儿童胸部以上)、深度比较均一、水流速慢的场所 这种场所比较适合开展游泳活动。条件单一,利用面较窄。产生这种条件的场所一般为河堰的上游部位、河川中游部分的水潭等能够游泳的场所,以及人工设计的河川泳池等。在自然河道中,用绳索等划分出来的河川泳池比较简易,且没有破坏河川的氛围。

(5) 能够触摸到水面并且脚下安全的场所 在此场所可以进行钓鱼以及儿童戏水(能够用手接触水面的程度)等活动,场所为固基用混凝土块的顶端以及驳岸的坡面、挖掘后河道的顶端、折流坝等。在各地的各种环境型驳岸都可以创造这样的场所。在这样的条件下,满足以下条件后,能够使亲水活动更加活跃。

① 能够成为亲水对象的贝类、鱼类、鸟类等生物栖息的场所。

② 位于桥下、绿荫等能够遮阳的地方。

7.2.3 生态湿地景观营造策略

首先要遵循生态优先原则。湿地的景观营造和建设首要关注和协调湿地系统的生态性。生态保护与景观营造,二者并不冲突和对立。湿地生态系统的价值可通过人的开发、利用而发挥最大价值,而人对湿地的干预,必须有所限度,才能维系自然资源的生态性与可持续发展。

其次要以人的功能需求出发。根据潜在居民对河川环境改善的期待进行相应的调查和探讨。结果显示，10％以上的居民所希望的活动为戏水、垂钓、散步、休息、赏花、轻运动（棒球投接练习、跳绳）六项。

在这六项活动中，散步的期待值最高，达到了 38.6％，散步与休息相结合则占 45％，接近了受访者的半数。且无论是大河川、小河川，还是城市商业区、居民区、高地丘陵地区的河川，居民对于散步的期待最强烈。

散步可以缓解精神疲劳、使人冷静，给予人释放感，是保持日常精神稳定的活动。在水边，用自己的双足缓慢地行走，并且可以在都市绿洲中休息，恢复人类与生俱来的本性，是城市中水边场所所具有的机能。65 岁以上的人对于水环境的期待为散步，在各个项目中占据了压倒性的优势，其次是垂钓与休息。

中、小学生等青少年所期待的活动为游泳、戏水、钓鱼、划船等与水具有直接联系的活动。然而在运动性较强的活动中，不在水边也可以进行的体育运动，和与水有关的活动相比不具有人气。根据以上调查，在对水边环境进行调整时，应以围绕散步、直接与水有接触的活动这两项亲水活动为中心进行总体规划设计。

基于居民功能需求与河川环境改善的调查分析，水边环境的魅力可分为八个方面，具体如下。

（1）河道　河川特有的河道特点是河川构造物、开放空间等具有一定的吸引力。魅力要素为桥梁、水库、河堰、堤坝、堆石水路、开放空间、瀑布、溪谷、岛屿、运河等。

（2）水　水的流动、清澈以及水域的富饶构成了水的魅力。其魅力要素为清流、富饶水域、水流的韵律、浅濑、细流、涌入河川的水等。

（3）历史　水边周围具有历史性的建筑物、街区、文化等组成了水边环境的历史魅力。以上这些要素对于水边魅力的历史性非常重要，此外，还有例如水车、汲水场、河港时代的街区、文学碑群等历史性场所及事物。

（4）河川风景　这主要是以河川的景色为主题的魅力，有自然景观、夕阳、水流的韵律（与水的魅力相重复）、修景设施等。

（5）水与动物　这是指以鱼为代表的动物构成的水边的魅力，还有鸟、昆虫和其他的小动物。

（6）水与绿色植物　构成其魅力的要素为芦苇、观音莲、樱花行道树、松类行道树、油菜花、杨树等植物。

（7）河川与活动　与水有关的亲水活动是水边魅力的构成要素，要素的内容也比较多样。可分为钓鱼、体验、戏水、教育、活动、体育、散步、自然探索等。

（8）水边的氛围　水边的安静程度、温情程度等都可以提升水边的魅力。与精神层面有关的氛围是水边魅力的重要元素。

其中前七种主题与亲水活动能形成具体关联的方法见表 7-1。

表 7-1　前七种主题与亲水活动的关联

主题	与亲水活动的关联		与亲水活动相关联的具体方法
	直接接触水的活动	散步	
河道	√	√	可考虑砂砾堆、泥滩等作为活动场所
水	√	√	设置河堰与河边泳池 城市中小河川的涓流也是一种亲水形式
历史		√	
河川风景		√	
水与动物	√	√	动物可成为亲水活动的对象，如虾、鱼、贝、鸟等
水与绿色植物		√	在绿荫处玩耍或活动 设置滨河公园绿道
河川与活动		√	

如今实行的能够改善水边环境的对策，只是强调了各种特定区间所拥有的水边魅力。对上述七种水边主题的创造进行思考，能够得出图 7-4，这七种水边魅力有相互重叠的部分，但能够涵盖现在所实施的全部环境改善的主题。实际从上述改善水边环境的案例来看，多个主题（水边环境改善的基本方针）相互组合实施的情况比较多。

　① 河道：河川中的砂洲与分合流部位等为河道特征的重点。

　② 水：强调水的存在，突出水流，使水的流量增加。

　③ 历史：重视周边的历史街区，水与历史相互融合。

　④ 河川风景：重视河川景观的规划。

　⑤ 水与动物：力求与动物共存。

　⑥ 水与绿色植物：重视以河川为中心的绿道公园以及植物的保护与生育。

　⑦ 河川与活动：增加亲水活动。

图 7-4　七种水边主题的创造

7.3　通榆湿地公园景观概念设计

7.3.1　项目概况

本项目为通榆湿地公园景观概念设计，总占地面积（设计红线面积）为 $1411.96hm^2$。设计团队为六环景观（辽宁）股份有限公司。

本项目旨在通过通榆湿地的规划设计，打造一个集生态资源保护、市民近郊旅游、环境科普教育和休闲观光等功能于一体的综合城市综合公园，提升城市价值，带动周边地块，最终使湿地公园生态旅游成为通榆的新名片。

7.3.1.1 基础条件分析

通榆湿地公园位于吉林省白城市通榆县，从通榆县在省域、市域及县域位置分析来看，通榆县位于吉林省西部。东与乾安县相接，西与内蒙古自治区科尔沁右翼中旗为界，南与长岭县相连，西南与内蒙古自治区科尔沁左翼中旗相交，北与洮南市为邻，东北与大安市接壤，可直达北京、沈阳、齐齐哈尔、长春等地（图 7-5）。

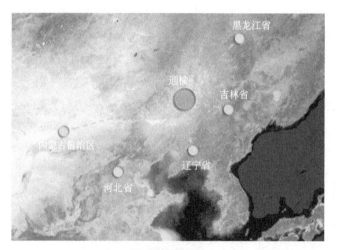

(a) 省域位置分析

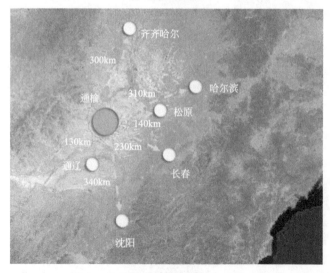

(b) 市域位置分析

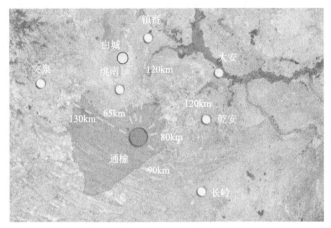

(c) 县域位置分析

图 7-5 省、市、县域位置分析

通榆县全县辖 8 个镇、6 个乡、2 个民族乡，幅员 8464km²，居白城市各县（市、区）之首。全县耕地面积广阔，共计 300 万亩（1 亩＝666.7m²，下同），位居吉林省第一。全县草原和牧业资源、风能资源等自然资源丰富，草原面积达 400 万亩，居吉林省第一位，该县风能则是全国储量最多的地区。

通榆县属中温带半干旱大陆性季风气候，具有适宜向日葵（葵花）（Helianthus amuus）生长的有利气候和条件，与黑龙江省甘南县、内蒙古自治区五原县并列为全国葵花三大主要产区，通榆县当地农民在种植葵花的过程中赓续传统，总结出丰富的种植经验。此外，通榆县是吉林省中草药材的重点产区，也是吉林省最大的芦苇产区，盛产大英格绿豆、糜子、荞麦等杂粮杂豆。

通榆县交通便捷、劳动力资源充足，为当地的经济建设与发展、人们的生产生活创造最佳的环境和条件。与此同时，在长期农业种植与相关生产活动中，当地人们形成淳朴的民风，成为通榆县对外宣传的一张"名片"。

7.3.1.2 特色分析

通榆湿地公园与吉林向海国家级自然保护区（简称向海自然保护区）、郁洋淀苇海观光区、同发风车观光区、瞻榆古榆、黄榆景区等周边自然景点构筑成为"景观圈"，在同一区域内形成不同特色景点的有效联动（图 7-6）。

向海自然保护区是以保护丹顶鹤等珍稀鸟类和大果榆（蒙古黄榆）（*Ulmus macrocarpa*）等稀有植物为主要目的的内陆湿地水域生态系统类型的自然保护区。在中国七大湿地中面积最大、生物物种最丰富，以其大自然的原始魅力和独特秀美的塞外草原风光而享誉中外。1981 年由吉林省人民政府批准建立。1992 年被世界

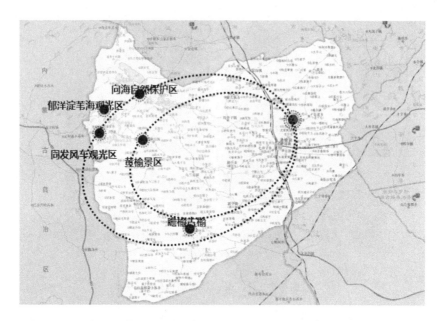

图 7-6　通榆湿地公园与周边景区分析

野生生物基金会（World Wide Life Fund International，简称 WWF）评为"具有
国际意义的 A 级自然保护区"，同年又被列为"国际重要湿地名录"。

　　向海自然保护区位于吉林省通榆县境内。南北最长 45km，东西最宽 42km，
西与内蒙古科右中旗接壤，北与洮南市相邻。保护区南部有霍林河贯穿东西，中部
有额木太河流进湿地，北部引洮儿河水注入水库。保护区横跨通榆县 5 个乡镇场、
12 个村、32 个自然屯。向海地形复杂，生境多样，沙丘、草原、沼泽、湖泊相间
分布，构成典型的湿地多样性景观。区内林地面积 2.9hm²，形成四大生态景区。
荷兰亲王贝恩哈德到向海观光，称向海为"人间仙境"。现在的向海既保留着原始
古朴的自然风貌，又展示了新世纪的现代文明，已成为吉林省重要的旅游胜地，素
有"东有长白，西有向海"之美誉。

　　郁洋淀苇海观光区位于同发牧场境内，观光区内有郁洋淀蒙古新村。新村南面
是一望无际的平坦开阔的大草原；西面有波光粼粼的湖泊；北面是万顷蒲海苇荡，
是鱼、蛙、野鸭和大鸭等的天堂；东面是山林古树，也是山鸡、野兔、狐狸、猫、
貉等的乐园。

　　同发风车观光区是位于同发牧场独具特色的人文景观。风车景观犹如大片森
林，再配以变电站、高压输电等新建筑群，与这里原始的自然风貌融汇成独特的
风景。

　　瞻榆古榆位于瞻榆镇西南 9km 处，在高出地面 10 余米的沙岗上有一棵古榆
树。这株古榆树已有近 400 年的历史。其高约 13m，主干直径 1.1m，周长 3.3m，

树冠直径 18m，树干高近 5m。1918 年春，奉天省王道台来此巡视，留有"瞻榆修来，望杏耕田"的佳句，原瞻榆县便是由此得名。

黄榆景区在距通榆县城约 60km，兴隆山镇西南方向 2km 处，这里是一片至今保护完好、亚洲最大的蒙古黄榆林，面积约 50km²，是具有原始风韵的天然森林浴场。

7.3.2 设计分析

7.3.2.1 设计原则与改造

基于通榆湿地的自然地理状况和生态保护要求，湿地公园的规划设计针对设计前、中、后的三大环节，围绕生态保护原则、精品设计原则、技术可行原则、节约成本原则四项基本原则展开，具体内容如下。

（1）生态保护原则 通榆生态资源丰富，通过对生态资源进行有效利用，从而提升城市环境品质是本项目的基本诉求。因此，在湿地公园建设和广场改造过程中，生态资源的保护是首要原则。设计中避免较重的人工"美化"痕迹，适当运用增加"绿量"、创造拟自然形态的护岸等景观手段，达到生态资源的保护性开发和永续性利用。

（2）精品设计原则 发挥湿地生态环境的优势，针对湿地建设的片区特征，深入挖掘生态环境及资源的"隐形"亮点，集中体现文化、娱乐、休闲功能，提升人气，形成重点效益区，达成具有自然与社会功能的、富有特色的湿地公园，打造城市湿地精品工程。

（3）技术可行原则 综合国内湿地开发的成功案例，结合中国北方的湿地技术、湿地工程技术专利，解决在复杂地质条件下湿地公园建设的技术难点。此外，需注意遵循自然生长规律，通过相应的科学技术提高植物的成活率，合理降低建设成本和养护成本。

（4）节约成本原则 在保证良好景观形成的前提下，以最小的经济投入创造更大的设计价值，设计简洁、实用、易施工的，能够体现湿地和广场特色的景观小品；同时植物尽量选择易管理、易养护的乡土树种，通过植物群落的合理配置与组团栽种，以实现湿地生态景观风貌的展现。

7.3.2.2 相关法规研究

经过对相关法规的研究，本次通榆湿地公园规划设计严格遵守相关法规规定，在场地改造设计、植物材料选择、景点活动策划等过程中，尊重湿地现状、保护动植物资源，以突出湿地公园的生态保护、科普教育、自然野趣和休闲游览为主要内容功能，符合国家及地方相关法规要求，所涉及的主要设计规划依据为《国家林业局关于修改〈湿地保护管理规定〉的决定》《城市湿地公园设计导则》

《风景名胜区总体规划标准》（GB/T 50298—2018）、《公园设计规范》（GB 51192—2016）、《中华人民共和国环境保护法》《中华人民共和国水法》《城市道路绿化规划与设计规范》（CJJ 75—1997）、《吉林省湿地保护条例》（修订版）以及国家、地方等其他相关规范。

《城市湿地公园设计导则》（建办城〔2017〕63号）中2.0.4和4.4对"城市湿地公园"的定义及功能分区规定如下。

城市湿地公园（Urban Wetland Park）是在城市规划区范围内，以保护城市湿地资源为目的，兼具科普教育、科学研究、休闲游览等功能的公园湿地。

公园应依据基址属性、特征和管理需要科学合理分区，至少包括生态保育区、生态缓冲区及综合服务与管理区。各地也可根据实际情况划分二级功能区。分区应考虑生物栖息地和湿地相关的人文单元的完整性。生态缓冲区及综合服务与管理区内的栖息地应根据需要划设合理的禁入区及外围缓冲范围。

《国家林业局关于修订〈湿地保护管理规定〉的决定》中修改后的第十一条、第二十九条分别对湿地的保护体系、湿地范围内不可实施的人类行为活动进行如下规定。

县级以上人民政府林业主管部门可以采取湿地自然保护区、湿地公园、湿地保护小区等方式保护湿地，健全湿地保护管理机构和管理制度，完善湿地保护体系，加强湿地保护。

除法律法规有特别规定的以外，在湿地内禁止从事下列活动：

① 开（围）垦，填埋或排干湿地；

② 永久性截断湿地水源；

③ 挖沙、采矿；

④ 倾倒有毒有害物质、废弃物、垃圾；

⑤ 破坏野生动物栖息地和迁徙通道、鱼类洄游通道，滥采滥捕野生动植物；

⑥ 引进外来物种；

⑦ 擅自放牧、捕捞、取土、取水、排污、放生；

⑧ 其他破坏湿地及其生态功能的活动。

地域性湿地保护法《吉林省湿地保护条例》（修订版）第十三条、第十八条分别对湿地资源的生态旅游开发及相关运营活动、湿地物种引进与管理等方面做出详细规定。

利用湿地资源从事生产经营或者生态旅游活动，必须符合湿地保护规划，维护湿地资源的可持续利用；禁止改变湿地生态系统的基本功能，禁止超出资源的再生能力给野生动植物物种造成永久性损害，禁止破坏野生动物的栖息环境。

向重要湿地引进动植物物种，应当按照国家有关规定办理审批手续。湿地保护主管部门及相关部门对引进物种应当进行跟踪监测，对可能给湿地造成或者已经造成危害的，应当及时报告本级人民政府和上一级主管部门，并采取措施，消除危害。

7.3.2.3　案例分析

针对此次通榆湿地公园的规划设计目标，对标国内优秀的湿地公园设计案例，如西溪国家湿地公园、群力国家城市湿地公园和镇赉环城国家湿地公园，为后期的设计实施提供借鉴、指导意义。

西溪国家湿地公园，位于浙江省杭州市，占地面积约 $11.5km^2$。湿地公园根据东、中、西三大不同区域的自然风貌特征，就湿地公园开发所承接的自然功能与社会服务功能，将全区分为东部湿地生态保护培育区、中部湿地生态旅游休闲区和西部湿地生态景观封育区。西溪集生态湿地、城市湿地、文化湿地于一身，堪称"中国湿地第一园"，西溪湿地以独特的风光和生态，形成了极富吸引力的湿地景观旅游资源。可借鉴的特色为：现状植被保护得当、文化气息浓郁、具有地方特色、带动周边地区价值（图 7-7、图 7-8）。

图 7-7　西溪国家湿地公园导览图

群力国家城市湿地公园位于黑龙江省哈尔滨市丽江路、群力第五大道、灵江路、群力第六大道围合区域内，修复后的湿地占地面积约 $34.2hm^2$，将建成集

图 7-8　西溪国家湿地公园局部现状

观赏、观测、科普教育、科学研究等多种功能于一体的生态公园。可借鉴的特色为：现状保持较好、参与性强、现代设计元素突出、带动周边地块价值（图 7-9、图 7-10）。

图 7-9　群力国家城市湿地公园平面图

镇赉环城国家湿地公园在原有基地的自然现状基础上，保留湿地区域的植物特征，对芦苇和荷花等现状植物重新整合，限制野生植物的"疯长"现象。在污水处

图 7-10　群力国家城市湿地公园局部现状

理厂附近的湿地丛林区域栽植耐水湿乔木，增加植物栽植空间类型，形成特色空间，丰富水中鸟岛的栽植层次。对岸边的游园路径周边进行自然式组团栽植，形成虚实变化的岸线。重点打造西侧和西南侧的市政绿化带，对湿地进行围合，形成呼应湿地环境的特色市政绿化。可借鉴的特色为：在原有基地的自然现状基础上，保留湿地的植物特征，对现状植物重新整合，形成呼应湿地环境的特色市政绿化（图 7-11、图 7-12）。

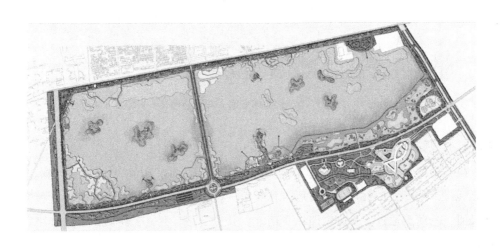

图 7-11　镇赉环城国家湿地公园平面图

图 7-12　镇赉环城国家湿地公园

7.3.2.4　现状分析

（1）地域分析　通榆县位于吉林省西部，县境东西宽 112.6km，南北长 116.5km，总幅员 8496km²，位居吉林省第三位。县内有霍林河、额木太河和文牛格尺河三条河流通过。平齐铁路纵贯南北，长白公路、开方公路两条省级公路在县内通过。

（2）气候分析　通榆县属中温带半干旱大陆性季风气候，年平均气温 5.5℃，极端最低气温－25.9℃，极端最高气温 40.5℃，无霜期 164 天，年平均降水量 350mm，最大冻土深度 125cm，年主导风向为西南风和西北风。

本次湿地设计红线面积约为 1411.96hm² （图 7-13）。

图例

道路　　堤岸　　- · - · 设计红线　　湿地　　照片拍摄角度

图 7-13　通榆湿地公园现状分析

7.3.3 设计内容

7.3.3.1 总平面图

通榆湿地公园规划设计在对原有大面积湿地进行保护的基础上，针对湿地内部的自然风景特征设立具有游览休闲功能的景观节点，在靠近城市主干道一侧设立湿地"人与湿地"的缓冲区，即相关配套服务，两大主要分区相互结合，形成自然"软"景致与硬件设施的互动，以最小化"人工修饰"将湿地自然资源的其他功能发挥至最大化（图7-14）。

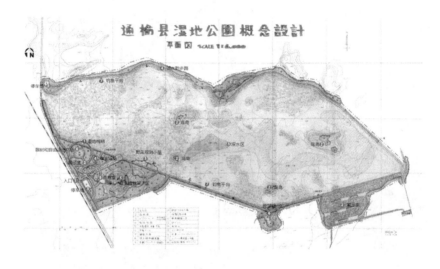

图 7-14 通榆湿地公园总平面图

公园的游览休闲区主要包括以下景观节点。

① 湿地栈桥。以架空木栈道为主要景观设施，选材、营造方式注重减少对湿地自然环境与生物的干扰，同时提高人对自然环境的参与性（图7-15）。

② 鸟岛。设立于湿地相对较为独立的区域，保持与人行景观步道相对适宜的距离，既尊重鸟类生存生长的条件，避免人为干扰，同时满足鸟类爱好者的需求。

③ 野鸟观测小屋。通过采用生态材料，如用藤本植物覆盖鸟屋，减少建筑构筑物的"突兀"感，从而起到一定的隔离效果。为鸟类爱好者、动物学家提供观测湿地鸟类的场地，实现人与自然的互动，为进一步湿地生物的科学研究提供基础保障和物质条件（图7-16）。

④ 滨水散步路。为湿地周边居民、游客等人群提供休闲空间。

⑤ 湿生植物展示区。通过对通榆湿地代表植物的展示，进行科普教育。

⑥ 瞭望塔。具体造型设计如图7-17所示，此瞭望塔深入腹地，高度应控制在

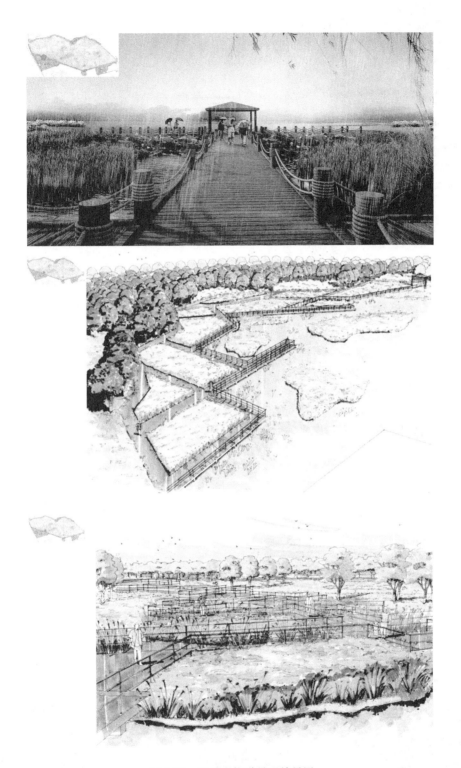

图 7-15　湿地木栈道景观效果图

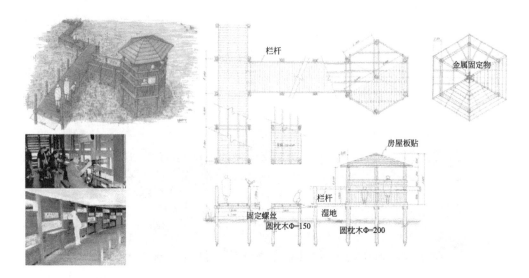

图 7-16　野鸟观测小屋设计

30m 以下，以免过高影响周围景观。可为湿地游览休闲人群提供具有观景、休憩、中转等相关功能的场所，主要功能为登高观景。应当对进入此塔的游客进行分类，限制最顶层游客的数量，同时充分利用塔下部较低的部分作为游客中转或休息区域（图 7-17、图 7-18）。

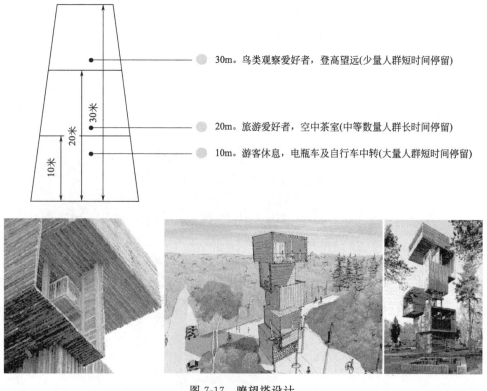

30m。鸟类观察爱好者，登高望远(少量人群短时间停留)

20m。旅游爱好者，空中茶室(中等数量人群长时间停留)

10m。游客休息，电瓶车及自行车中转(大量人群短时间停留)

图 7-17　瞭望塔设计

图 7-18　湿地瞭望塔景观效果图

⑦ 钓鱼平台。游览休闲人群可在此区域进行垂钓、观鱼等互动行为，提升湿地公园的体验感与趣味性（图 7-19）。

图 7-19　钓鱼平台效果图

⑧ 深水区。深度为 1.5～2.5m，其中冰冻层约 0.9m 深。

公园的配套服务区主要包括以下景观节点。

① 入口。临近城市道路，兼具旅游服务、集散、管理等功能。

② 展示室。主要包含湿地公园的概况介绍、公园自然资源的宣传教育等服务配套设施。

③ 停车场。满足中巴、大巴、私家车、自行车等不同出行方式的需求。

④ 宿泊设施。为通榆湿地公园的游览人群提供住宿设施，为湿地公园的进一步开发建设提供经济基础和效益。

⑤ 休息室、茶室、商店等。多样化提升湿地公园的体验感，满足不同游览休闲人群在公园内不同时期的需求，完成湿地公园的配套服务设施建设。

⑥ 雕刻和自由活动广场。设立文化交流、休闲互动场所，结合湿地自然资源，为湿地公园的使用人群打造多"感知"的互动渠道，同时，为湿地公园增添艺术文化气息（图 7-20）。

图 7-20　通榆湿地公园鸟瞰效果图

7.3.3.2　功能分区

通榆湿地公园的功能分区主要根据人在自然环境中的参与程度划分，参与度由深入浅依次为：湿地游览区、湿生植物展示区、净化地、滨水景观道和湿地保留区。此外，根据园区内人流量的大小对湿地公园相应的功能分区进行分析，如图 7-21所示。湿生植物展示区景观效果如图 7-22 所示。

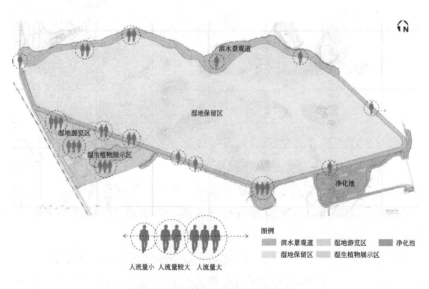

图 7-21　通榆湿地公园功能分区

图 7-22　湿生植物展示区景观效果图

7.3.3.3　交通分析

在此次湿地公园规划设计中，基于园区使用人群、功能需求的不同，将步行、后勤服务车两类交通方式的交通路线进行划分，其中，人行步道依照道路宽度分为一级（4m）、二级（3m）、三级（2m）。图 7-23 为通榆湿地公园交通分析。

7.3.3.4　护岸设计

通榆湿地公园的护岸设计分为软岸和硬岸两种类型。

（1）软岸　软岸类型主要为植物护岸，通过塑造缓坡地形，以水生植物巩固岸线，并且为小动物提供栖息之地，适用于坡度＜20°的岸坡。

（2）硬岸　硬岸类型主要包括山石护岸、仿木桩护岸、石笼结构生态护岸、土工网复合植被护岸、多孔质护岸和悬空木栈道六种类型。

山石护岸：利用当地石块堆砌固定于岸边，石块上可以覆土，有植物生长，形成多孔隙的生态护岸，适用于坡度＞45°的岸坡，防止水土流失。

仿木桩护岸：利用混凝土材质的仿木桩固定岸线，防止水土流失，仿木桩后面

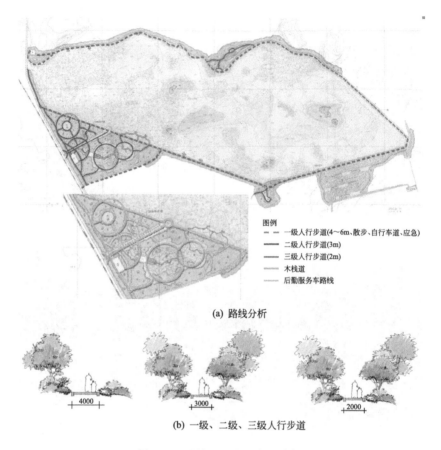

图例
--- 一级人行步道(4～6m、散步、自行车道、应急)
—— 二级人行步道(3m)
···· 三级人行步道(2m)
···· 木栈道
—— 后勤服务车路线

(a) 路线分析

+ 4000 +   + 3000 +   + 2000 +

(b) 一级、二级、三级人行步道

图 7-23　通榆湿地公园交通分析

设置石块，加强护岸稳定性，适用于坡度较陡的区域。

　　石笼结构生态护岸：包括石笼和蛇笼，网笼镀锌及 PVC（聚氯乙烯）涂层，可以固定岸边土壤，方便施工。蛇笼适用于部分弯道，特别是内陷、流速慢的区域。石笼适用于陡坡及水利工程下游。

　　土工网复合植被护岸：边坡固定土工塑料后植草种树，适用于靠近水线的缓坡。

　　多孔质护岸：不同混凝土预制件连接，形成一个多孔隙的护岸，适用于建坝及其他受冲刷较严重区域。

　　悬空木栈道：构建悬空木栈道，帮助游人靠近湿地水岸附近，达到亲水效果，底部可以进行种植，适用于景观娱乐区域。

　　护岸是可以展现风景的场所，能够引起人们的注意。白色醒目的护岸和亲水护岸以及护岸周围安装的构筑物都可成为景观对象。大面积的混凝土护岸非常醒目，给人以压迫感，因此不建议使用（图 7-25）。

图 7-24　通榆湿地公园护岸设计 1

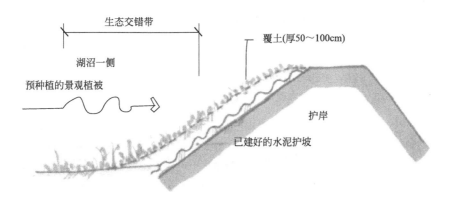

图 7-25　通榆湿地公园护岸设计 2

7.3.4　专项设计

7.3.4.1　水质净化措施

湿地生态系统具有复杂性和脆弱性，城镇化的发展和旅游人数的增加，必然会对水质造成一定影响，水质保护工作是一项长久的工程。设计利用植物对水质的净化作用，达到对水质持久的、生态的控制与保护。

通榆湿地公园的设计考虑水生植物对水体的净化，建立起一个人工水体生态系统。当污水通过湿地系统时，其中的污染物质和营养物质被系统固定、吸收或分解，使水质得到净化，如图 7-26 所示。

水质净化的关键，主要从水生植物的选择与搭配两方面进行。

（1）植物的选择　以营养生长为主的植物，如芦苇、鸢尾（*Iris tectorum*）、香蒲、水葱（*Schoenoplectus tabernaemontani*）等，对氮的吸收利用率较高；根

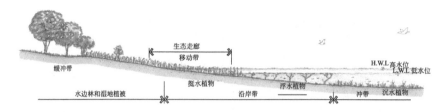

图 7-26　通榆湿地公园水生植物净化

茎、球茎及种子植物，如睡莲、莲（荷花）、华夏慈姑、芡实（*Euryale ferox*）等，对磷的吸收利用率较高。

（2）植物的搭配　人工湿地系统净化河水的试验结果表明，合理搭配多种植物较单一植物对净化水体具有更好的效果，不仅使湿地的净化率提高，且净化效果更稳定。湿地的净化能力取决于其自身的自净能力和环境容量，而自净能力和环境容量则取决于稳定和优化的水生植物群落的形成（图 7-27）。

(a) 挺水植物

(b) 浮水植物　　　　　　(c) 湿生植物

图 7-27　湿地植物

7.3.4.2 湿地植物选择

湿地植物主要包括水生、沼生、盐生植物以及一些中生的草本植物，除了在自然界具有特殊的生态价值，对人类欣赏、药用、食用开发等也有独特作用。水生植物的栽植可以保持水体美观，创造良好的水生环境（图7-28）。

(a) 芦苇　　　　(b) 华夏慈姑　　　　(c) 黄菖蒲　　　　(d) 千屈菜

图 7-28　水生植物

沼生植物栽植于沼泽浅水中或地下水位较高的地表，对丰富岸边景观起到很大作用（图7-29）。

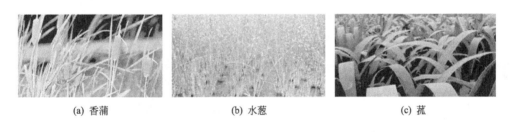

(a) 香蒲　　　　　　　(b) 水葱　　　　　　　(c) 菰

图 7-29　沼生植物

盐生植物能在含盐量超过 0.33MPa 的土壤中正常生长并完成生活史，并可降低盐碱地土壤含盐量，提高土壤肥力（图7-30）。

(a) 碱蓬　　　　　　　(b) 黑麦草　　　　　　　(c) 结缕草

图 7-30　盐生植物

中生植物介于湿生植物和旱生植物之间，陆地上绝大部分植物皆属此类，可极大地丰富水边及陆地景观（图7-31）。

<table>
<tr><td>(a) 金娃娃萱草</td><td>(b) 红宝石萱草</td><td>(c) 玉簪</td></tr>
<tr><td>(d) 美女樱</td><td>(e) 诸葛菜</td><td>(f) 费菜</td></tr>
</table>

图 7-31　中生植物

7.3.4.3　湿地植物管理

野地（草地）庇护所（sanctuary）的创造，需要注意三方面的事项，具体内容如下。

① 能够让多种昆虫与鸟类生存的环境创造要点，其一为要创造出多种多样的植物生活环境，其二为在借助自然力量的同时，必须创造出植物与动物之间相互结合的小生态系。

② 割草和植物培育管理。在创造出多种类型的植物方面上，最简单且不涉及破坏自然的方法为割草。以不同的割草频率，在一定范围的草地中创造出各种高度和品种的植物。考虑到生物生息，每种类型的植物最少需要 1hm²。

由于大面积进行植物栽植势必会花费大量的劳动力，因此在这种情况下，与其人工种植草木，不如借由自然的力量，生长出来的植物更具效果，自由生长的植物是更适应当下生态环境的品种。

湿地芦苇、宽叶香蒲（*Typhalatifolia*）等植物群的管理，需持续性地在每年夏天到秋天时进行一次割草，2～3 年去除一次堆积泥以维持水深，便可培育出 1～2m 高的芦苇原。

③ 不同草高草地的割草频率和植物类型如下。

低茎草地：每月一次，割草时期为 5～8 月（9 月），每年 4～5 回（能够形成草高为 10～20cm 的低茎草本类占优的草地）。植物包括蒲公英（*Taraxacum mongolicum*）、东北堇菜（*Viola mandshurica*）、宝盖草（*Lamium amplexicaule*）、繁缕（*Stellaria media*）、早熟禾（*Poa annua*）、漆姑草（*Sagina japonica*）、鼠曲草（*Pseudognaphalium affine*）、阿拉伯婆婆纳（*Veronica Persica*）等（图 7-32）。

图7-32　低茎草地

中茎草地：每2个月一次，割草时期是5～8月（9月），每年2～3回（能够形成1m左右的草地）。植物包括四籽野豌豆（*vicia tetrasperma*）、夏枯草（*Prunella vulgaris*）、筛草（*Carex kobomugi*）、多花黑麦草（*Lolium multiflorum*），假俭草（*Eremochloa ophiuroides*）、稗（*Echinochloa crus-galli*）等占有优势（图7-33）。

图7-33　中茎草地

高茎草地：每年一次，1～2年割草一回（草高维持在2m左右）。植物包括一枝黄花（*Solidago decurrens*）、苏门白酒草（*Evigeron Sumatrensis*）、葛（*Pueraia montana*）等。比较干燥的土地上的芒（*Miscanthus sinensis*）与比较湿润的土地上的荻（*Miscanthus Sacchariflorus*）能够变得占有优势（图7-34）。

有矮木类植物的草地：5～10年割一回草，割草的时候，木本类也全部割除（图7-35）。

值得注意的是，在中国东北部，割草频率和草高以及占优植物品种与实际情况存在不一致的现象，因此，有必要依据实际情况出发，对对应地域的状况进行管理。

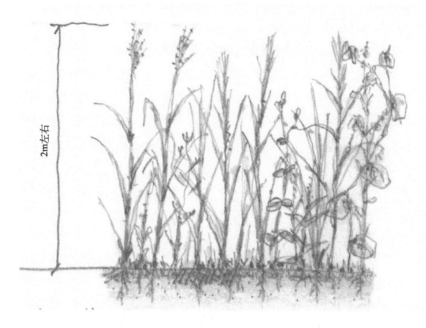

图 7-34　高茎草地

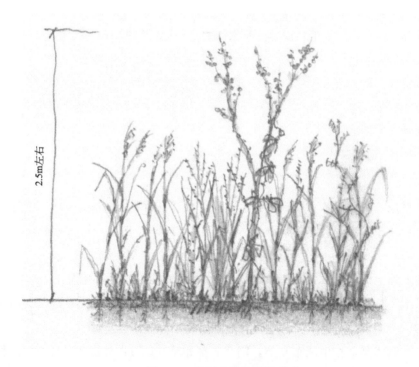

图 7-35　有矮木类植物的草地

7.3.4.4　生态节材节水设计

（1）节材　利用收集的落叶进行密封堆沤，如图 7-36 所示，改良土壤营养问题，增加树木生长所需养分，减少了因燃烧落叶造成的空气污染和外购肥料额外费用，更好地实现生态绿化（图 7-36）。

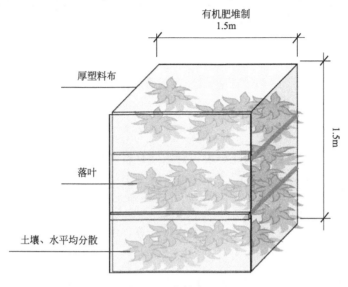

图 7-36　节材演示图

（2）节水　通过地形塑造形成雨水收集体系，通过地形设计及在道牙上留出缺口收集雨水，体现节水的景观设计（图 7-37）。

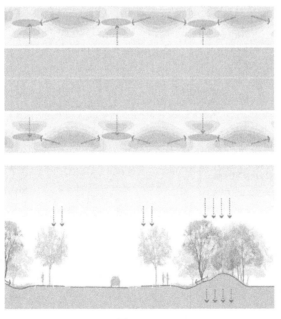

图 7-37

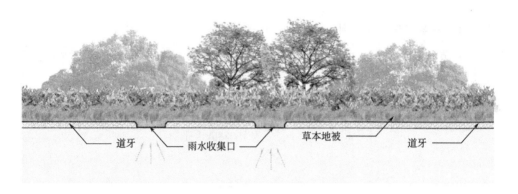

图 7-37　节水演示图

7.3.4.5　铺装设计

根据不同的空间特性和功能要求，对铺装材料的种类、材质、色彩进行了分类与界定以创造多元化的空间体验。在就地取材、因地制宜的主要原则下，尽量采用当地材料和生态材料，以体现设计概念。

主要道路铺装材料：采用当地石块、砾石等，中性色彩，局部暖色调。

木栈道及码头：采用防腐木材料，深棕色。

集散广场铺装材料：采用当地石料、木材等，铺装形式采取自然式，暖灰色。

铺设透水材料，可使水体渗入地下，减少地面径流。具体铺装设计见图 7-38。

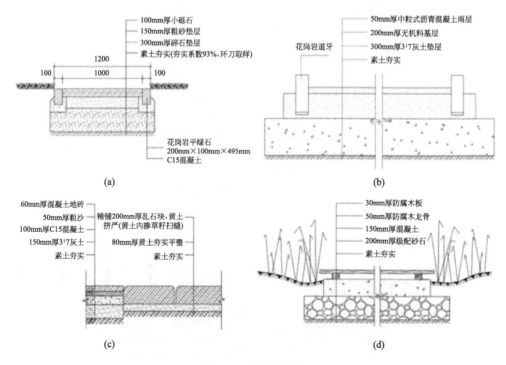

图 7-38　铺装大样

7.3.4.6 小品、城市家具设计

完美的专项设计不仅能提供游人使用，同时能体现整体的概念设计和提升公园形象，通过专项设计的艺术性和趣味性，将细部和总体整合一起，简洁大气并具有艺术价值。同时提供经久耐用和方便使用的专项设施，专项的微观元素要与整个湿地的宏观设计语言和风格相统一（图7-39）。

图7-39 小品、城市家具设计意向

7.3.4.7 植物形式

湿地游览区的种植形式，以具有观赏性的湿生植物为主，增强空间的变化，达到步移景异的效果（图7-40）。

湿地游览区保留原有的湿地植物构造，在此基础上丰富湿地植物的种类，达到丰富湿地空间的效果（图7-41）。

滨水景观步道的种植形式采用乔、灌木及地被的多层次栽植，并且与岸边结合，使空间具有丰富的变化，增强景观的趣味性（图7-42）。

按照植物的耐水湿程度，由沉水、浮水、挺水及耐水湿植物共同营造水岸景观（图7-43）。

以地被花卉及模纹片植为特点，通过色彩的变化强调大尺度线条，形成大气、流畅的景观风格（图7-44）。

图 7-40　湿地游览区意向

图 7-41　湿地游览区营造意向

图 7-42　滨水景观步道意向

图 7-43 水岸景观意向

图 7-44 地被花卉意向

7.3.4.8 植物选择

依据本项目整体设计构思及通榆本地的风向、日照、温度、降水等自然条件选择植物材料，以乡土树种为主，其中包括：常绿乔木、常绿灌木、落叶乔木、落叶灌木、模纹集栽、地被花卉、水生植物，以便形成季相变化丰富的植物景观。

常绿乔木及常绿灌木：黑松（*Pinus thunbergii*）、云杉（*Picea asperata*）、樟

子松（*Pinus sylvestris*）等（图 7-45）。

(a) 黑松　　　　　(b) 云杉　　　　　(c) 樟子松

图 7-45　常绿乔木及常绿灌木

落叶乔木：梓（*Catalpa ovata*）、水曲柳（*Fraxinus mandshurica*）、银中杨（*Populus alba* x *P. Berolinensis*）、五角枫（*Acer pictum* subsp. *mono*）、垂柳（*Salix babylonica*）等（图 7-46）。

(a) 水曲柳　　　　　(b) 银中杨

(c) 五角枫　　　　　(d) 垂柳

图 7-46　落叶乔木

落叶灌木：火炬树（*Rhus typhina*）、重瓣榆叶梅（*Prunus triloba* f. *multiplex*）、

东北山梅花（*Philadelphus schrenkii*）、紫丁香（*Syringa oblata*）、山杏（*Prunus sibirica*）、东北连翘（*Forsythia mandschurica*）、珍珠梅（*Sorbaria sorbifolia*）等（图7-47）。

(a) 火炬树　　　　　　　(b) 重瓣榆叶梅　　　　　　(c) 东北山梅花

(d) 紫丁香　　　　　　　　　　　(e) 山杏

(f) 东北连翘　　　　　　　　(g) 珍珠梅

图 7-47　落叶灌木

模纹集栽：金山绣线菊（*Goalden Mound*）、红瑞木（*Cornus alba*）、侧柏（*Platycladus ovientalis*）、密植紫叶李（*Prunus cerasifera* f. *atropurpurea*）、水蜡（*Ligustram obtusifolium*）等（图7-48）。

地被花卉：鸢尾、羽瓣石竹（*Dianthus plumarius*）等（图7-49）。

(a) 金山绣线菊　　　　　　　(b) 红瑞木　　　　　　　　(c) 侧柏

(d) 密植紫叶李　　　　　　　(e) 水蜡

图 7-48　模纹集栽

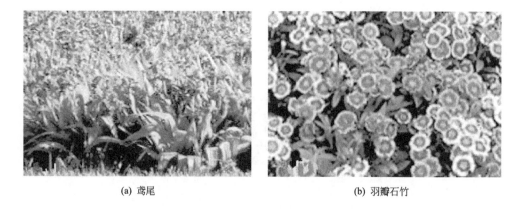

(a) 鸢尾　　　　　　　　　　　　(b) 羽瓣石竹

图 7-49　地被花卉

第 8 章
生态湿地的管理

8.1 湿地管理规划

本部分以日本钏路湿原国立公园管理规划书、中国大连的湿地管理规划为例,对不同国家在不同背景下实施湿地管理规划的方针、政策进行介绍。

8.1.1 日本钏路湿原国立公园管理规划书

8.1.1.1 管理规划区的设定方针

钏路湿原国立公园位于日本北海道的东部钏路市,是以日本最大的湿原——钏路湿原为中心建立的第 28 个国立公园,面积为 26861hm²,钏路湿原于 1980 年 6 月 17 日被列入《国际重要湿地名录》。

公园区域横跨钏路市、钏路街、标茶街和鹤居村 4 个市街村,钏路湿原由其涵养的河流、丘陵地于一体的景观和生态系统构成。为了推行对该湿原的适当保护和利用政策,在管理规划书中,采用了将公园整体作为一个管理规划区的提议。

自然公园是日本为了保护重要的自然风景区而设定的,目的是限制其土地利用性质,且公民私有土地或国有土地,都与土地的所有权无关,所有人都可以在广阔的自然风景区中进行休闲活动和健康疗养。被指定为自然公园的土地类型很多,不仅包括森林和田野、农用地和牧场等,甚至包含人们群居的村镇。自然公园可分为三大类,分别为国立公园、国定公园和都道府县立自然公园。

① 国立公园是同一风景形式中,具有日本特色,在世界范围中得到认可的重要的自然风景区。日本国立公园共有 28 个,总面积达到了 2051337hm²。

② 国定公园是以国立公园为基准,选出的景色优美的具有自然风景的公园。

③ 都道府县立公园是代表都道府县风景特点的,具有优美自然风景的公园。

8.1.1.2 基本方针

（1）关于保护的方针

① 风景景观的特性以及保全对象。钏路湿原区域平原部的原始自然被保存下来，芦苇和散布的日本桤木（*Alnus japonica*）、曲折前进的河流等构成自然状态、宽广开阔的平原景观，具备特殊性，且具有面积大的优势。此外，构成钏路湿原的高层湿原、中间湿原和底层湿原生长着各种各样的特殊植物，日本国内珍稀野生动物，如丹顶鹤等各种鸟类以及极北鲵等也在此生息，维持着丰富的自然生态系统。再者，湿原东侧的塘路湖等湖沼，与湿原景观共同变化，构筑成为水鸟等生物群落重要的繁衍生息地，而包围覆盖蒙古栎（*Quevcus mongolica*）的二次林等湿原背后的台地、丘陵则成为湿原景观的优良展望地，构成与湿原为一体的高品质景观。因此，该公园主要的保护对象如下：

a. 钏路湿原的水平景观以及自然生态系统；

b. 湖沼景观以及湖沼生态系统；

c. 包围湿原的台地、丘陵的景观。

② 保护对象的保护方针

a. 将钏路湿原的高品质景观以及丰富生态系统的严格保护和再生放在关键的位置，为了解湿原的自然结构和生态特性，进行广泛的调查研究。

b. 关于塘路湖等湖沼方面，从高品质湖沼景观的维持、水鸟以及稀少水生生物的繁衍生息环境的保护及其合理、正确利用等观点来看，需要对湖沼环境和湖岸线等进行适当保护。

c. 从与湿原为一体的景观的维持，包含集中水域湿原生态系统的保护及其观赏利用等观点来看，包围湿地以及湖沼公园内的丘陵地、森林等也需要进行适当的保护。

③ 保护设施的整备以及保护事业的实施方针。为恢复过去被人为损害的湿原植物等自然生态系统，以钏路湿原自然再生协议会的论点作为依据，实施自然再生事业。

（2）利用的特性以及利用方针

① 利用的特性以及利用方针。自然状态的平原风光景观观赏和湿原探险是此公园主要的利用方式。为此，在深刻理解和认知特殊性植物和贵重野生生物的同时，应避免过度利用。通过减少人为对湿原生态系统的影响来推进人与自然环境的良性互动，今后应对其采用适当、正确的利用方式。

② 利用设施的整备以及管理方针。因湿原生态对于人为的影响表现极其脆弱，湿原区域和其周边的利用设施的数量有必要减少到最小限度，如公园周边区域的住宿等配套设施可通过有效方式，灵活运用。就利用设施的配置和管理而言，应防止其对水质的污染。

③ 展示设施以及利用规划制度方针。展示设施在围绕自然湿原而建立的配套设施中占据重要的地位，利用规划方针应以此为重点，积极推进各个设施之间的协

作，促进人与自然互动活动的开展、自然生态教育和相关人才的培育。为了避免对耐践踏性弱的湿原植物和最早作为野生动物的丹顶鹤造成不良的影响，应在相关部门等的帮助下采取必要的保护措施。

8.1.1.3　风光自然景观的管理相关事项

（1）与特殊区域相关的办理方针　关于日本国立公园的许可、申报等内容，按照《国立公园的许可、申报等办理要领》的规定，除《自然公园法施行规定的许可标准》以及《关于自然公园法的行为许可标准的细节解析以及运用方法》的规定外，可根据表8-1所示的处理方针进行处理。

表 8-1　处理方针 1

行为种类		处理方针
构筑物的新建	建筑物	① 基本方针。从建筑物的人类主要利用动线以及对自然景观的保护出发，应关注湿原生态系统的负荷问题，如建筑物所附带的排水设备等，应尽量减少对原水生环境的影响 ② 设计、颜色、材料。屋顶：以坡屋顶、色彩为深棕色作为设计原则。外墙：尽量使用木材、石材等天然材料，其颜色以茶色、灰色、米色、白色系或自然色为主
	道路	① 基本方针。在保护珍稀野生动植物和湿原生态系统的同时，也要考虑主要的利用动线、利用据点在自然风光景观上不受影响 ② 附带设施的处理。防护栏设置，应避免对自然风光景观上产生不良影响，色彩以灰色或深棕色为主。大型的视觉引导标识，同样应避免对自然风光景观上产生不良影响，在能够确保交通安全的最小限度的期间、范围内设置。柱子的颜色原则上以深棕色为主。其他附带建筑物的颜色原则上同样以深棕色为主 ③ 斜面的处理方法。为防止斜面的砂土流失与飞散和出于保护自然风光景观的考虑，应尽快栽植植物，增加绿量，且在绿化时尽可能选用当地品种以保护湿原生态系统。规定挡土墙的使用在交通安全上达到最小限度，在自然风光景观保护的重要场所，使用自然石或模拟自然石的材料 ④ 残留土的处理方法。残留土运出国立公园区域外，但在国立公园区域内对景观无负面影响的适当处理不在此限
	电柱	对位于从主要利用据点等能够眺望到的场所或是位于主要的道路沿线眺望方向上的电杆类，采用地下埋设的施工方法，以减少对自然风光的影响。除此之外，电力线、电话线共同设架，电柱的颜色原则上以深棕色为主
	其他构筑物	从构筑物的规模构造、设置位置、主要的眺望地以及利用动线来看，应尽量减少对自然风光景观的干预或影响
木竹的砍伐		木竹、森林在湿原生态系统中具有重要作用，在位于主要开发利用动线以及作为观赏时的远眺对象时，应尽量避免对其进行采伐、单株砍伐等施工作业，栽植植物时尽可能从当地品种中引入

续表

行为种类		处理方针
土石的开采	钻探	关于温泉钻探对周边湖沼以及湿原生态系统的影响应根据具体问题具体分析
	石、砂砾的开采	作业内容所造成的影响具体问题具体分析
广告牌的设置	指导标、导游板	①基本方针。公共团体或观光协会等为观光者提供信息而设置的导游板、地名标识板等公共广告牌,应尽可能统一规范地区广告牌内容 ②设置场所。根据使用效果来考虑设置场所,且应对自然风光景观无负面影响 ③设计、颜色、材料。色彩以白色、黑色、深棕色为主要基调。尽可能采用天然材料,与周边自然环境相结合
	营业广告牌	①基本方针。避免给公园使用者带来不舒服感或过度使用的印象,从利用的动线出发,关注对自然风光景观的保护 ②设置场所。在用地不面对公路的情况下,对于必要的支路、分支点应设置导向表示牌或集合指示牌 ③设计、颜色、材料。颜色以白色、黑色、深棕色为主要基调。尽可能采用天然材料,与周边自然环境相结合
水面的填埋		不开展与自然再生无关的项目,但为了维持本地居民的日常生活所需和农业、渔业可以进行的最小限度内的事务不受此限
土地的形状变更		不开展与自然再生无关的项目,但为了维持本地居民的日常生活所需和农业、渔业可以进行的最小限度内的事务不受此限

(2) 普通地域的处理方针　湿原上游部分的丘陵地、森林、周边部分的湿原、村落以及农耕地等,在特别区域的边缘部分,形成与特别地域为一体的景观地域,为保护风景,相关机关单位应相互联络协调,对建筑物的颜色进行统一。另外,关于湿原的集中水域的区域,从保护湿原生态系统周边环境的观点来看,相关机关应相互合作,朝着正确的湿原保护方向而努力。

(3) 公园事业的处理方针　除根据事业决定的内容以及《国立公园事业解决要领》(2015 年)之外,还可依据表 8-2 所示的解决方针进行处理。

表 8-2　处理方针 2

事业的种类	地区名等	处理方针
道路	全路线	①基本方针。当变更和改良道路时,应考虑珍稀野生动植物和湿原生态系统的保护。推进道路沿线和附属停车带等的美化清扫 ②附属设施的处理。考虑当地的自然环境和自然风光景观等,规定最小限度的规模、构造 ③斜面处理方法。为防止斜面的土砂流失与飞散和对于自然风光景观的考虑,应尽快栽植植物,增加绿量,且在绿化时尽可能选用当地品种以保护湿原生态系统。 规定挡土墙的使用在交通安全上达到最小限度,在自然风光景观保护的重要场所,使用自然石或模拟自然石的材料 ④残留土处理方法。残留土运出国立公园区域外,但在国立公园区域内对景观无负面影响的适当处理不在此限

续表

事业的种类	地区名等	处理方针
道路(步道)	全部区域	① 基本方针。关于今后的再整备方针的制订,应特别关注给野生动物等湿原生态系统带来的影响 ② 附属设施的处理。考虑该地的自然环境和自然风光景观等,规定最小限度的规模、构造
道路(自行车道)	全部区域	① 基本方针。当探讨路线和构造时,要特别关注野生动物的生存环境,防止水土流失和飞散,为了不影响到湿原生态系统,从利用据点的角度出发,要考虑对自然风光景观不产生负面影响 ② 附属设施的处理。考虑该地的自然环境、景观等,规定最小限度的规模、构造
宿舍	全部区域	① 基本方针。有效活用国立公园区域外的设施,规定公园区域内的住宿设施为最小限度的规模、构造 ② 设计、颜色、材料。住宿建筑物的拆除,以表 8-1 中构筑物的新建-建筑物为准 ③ 附属设施的处理。考虑该地的自然环境、景观等,规定最小限度的规模、构造
园地	全部区域	① 基本方针。当整备时,特别要留意对野生动物的影响,如排水等问题,同时,为了不影响到湿原生态系统,从利用据点的角度出发,要考虑对自然风光景观无不良影响 ② 附属设施的处理。考虑该地的自然环境、景观等,规定最小限度的规模、构造
博物馆	全部区域	① 基本方针。作为该国立公园的公园利用的据点,在有效活用已有设施的同时,规划扩充必要的设施 ② 附属设施。考虑该地的自然环境、景观等,规定最小限度的规模、构造
露营地	全部区域	① 基本方针。作为结合自然利用据点以及环保旅游等的住宿基地,不仅要规划、维持管理必要的设施,在整备时还应考虑对周边的自然生态系统以及自然风光景观无负面影响 ② 附属设施的处理。考虑该地的自然环境、景观等,规定最小限度的规模、构造 ③ 管理运营方法。在确保使用者安全的同时,为了将对周边生态系统的不良影响降至最低,排水、垃圾必须进行正确处理
游船场	全部区域	① 基本方针。作为与自然相接触的利用据点,在规划必要设施的同时,应避免对湖水环境和湿原生态系统带来不利影响 ② 附属设施的处理。考虑该地的自然环境、景观等,规定最小限度的规模、构造
自然再生设施	全部区域	基本方针:按照钏路湿原自然再生的全面构想以及各实施规划进行设置

8.1.1.4 地域开发、整备事项

(1)生态系统保全对策 该公园进行的主要调查研究如下。

① 关于建立湿原生态系统保护监测方法的研究 (1988~1992 年)。

② 关于保护珍稀野生物种及其栖息地湿原生态系统的研究（1993～1997 年）。

③ 关于保护湿原生态系统及生物多样性的湿原环境管理及评价系统的开发研究（1998～2002 年）。

④ 关于保护自然与人共存的湿原生态系统以及从湿原到农业用地的综合管理手法的确立研究（2003～2005 年）。

⑤ 钏路湿原自然再生事业（2002～）。

⑥ 钏路湿原国立公园的指定对区域经济的影响的调查（1994～1996 年）。

⑦ 流入河川定期水质调查（1992～2003 年）。

⑧ 湿原景观定点照片（1998～）。

湿原的集水区域，超出了国立公园的范围，为了达到保护脆弱湿原的目的，必须与保护自然公园以外的各种措施相结合，国家、地方、自治体、相关团体、土地所有者等应相互配合并积极推进湿原保护相关事项。此外，为了正确管理国立公园，不仅要实行自然科学的调查研究，还有必要进行对地域经济影响的调查、对公园使用者的实际形态与意识的把握等社会科学的调查。大学也要与相关研究机构等相互合作，正确推进对国立公园的保护、调查研究。

（2）自然公园设施　以温根内展示设施以及塘路展示设施作为据点，为推进以接触自然为目的的使用，有必要对其进行调整，调整时要考虑到不对周边生态系统造成不良影响，不对自然景观造成破坏。关于既有的人行步道，在确保使用者安全的同时，进行必要的再调整与修补。

（3）一般公共设施　设置与钏路河的治水事业相关的设施时，需考虑到对珍稀野生动植物与湿原生态系统的保护，尽量减少对主要游览路线、景点的自然景观的破坏。

8.1.1.5　关于使用者的指导事项

（1）与自然解说相关的事项

① 亲近自然的运动。相关机构、钏路湿原国立公园联络协会、公园志愿者等应相互配合，在景点或可利用的据点，开展多样的、亲近自然的、全年龄段均可参与的运动。在制订及实施亲近自然的运动方案时，需要整改国立公园使用者接触自然的基本方法，整体、有效地推进与自然接触的新方案，统筹策略。

② 展示设施的使用、运营。温根内展示设施以及塘路展示设施在该国立公园作为接触自然型的据点，与游客中心相互联合，通过公园志愿者积极地推动各种活动而得到有效的利用。

温根内展示设施和塘路展示设施的管理运营，由钏路湿原国立公园联络协会和日本鸟类保护联盟钏路支部等联合推动。

③ 自然游览路径的使用与管理。对推进各步道与庭园等地与自然接触的方案进行探讨，由公园志愿者和钏路湿原国立公园联络协会等共同对必要的设施（解说

板、木栈道等）进行适当的整顿和管理维护。

④ 解说板等整备方针。以《自然公园等事业公共标识整备指针》（1991 年）以及《国际对应标识整备手法探讨调查报告书》（2004 年）为基础，对必要的解说板进行整备。

（2）利用规则

① 机动车与动力船的利用规则。大部分地区均已制订乘坐指定马车、动力船等进入区域的规则，与相关机构相联合推行此项规则。

② 露营规则。进行露营地以外的露营时，要与相关单位联合对使用者进行指导。

③ 为了保护植被而设立的进入规则。部分使用者，如钓鱼者与独木舟爱好者自发性、无秩序性地进入湿原区域，对植被和湿原生态系统的保护等带来了一系列问题。为了防止部分使用者无秩序地进入，相关机构等协力出台相应的规则来对其进行约束，并普及相关规则。

④ 针对其他的体育运动、休闲活动等各种行为。在钏路河上使用独木舟等手划桨式船时，需遵循《钏路河保护与独木舟利用手册》（2004 年）的相应规则。

关于其他类型的体育运动、休闲活动（骑马、自行车、空中运动等）以及各种行为的应对、指导，要充分考虑对湿原生态系统的影响和对自然景观的破坏，要与相关机构等联合调整必要的规章制度以及使用指导方针。

⑤ 自然利用习惯的普及。伴随着使用者的增加，排泄物、垃圾以及采摘、践踏等行为会给自然生态系统造成相应的不良影响。相关机构及管理人员应针对公园使用者在游览过程中的不良行为进行及时制止或教育，将影响降低到最小程度。

（3）游人的安全对策　关于游览景点的设施配置和运行，设施管理者需确保游人的安全，各相关机构及团体应对设施（独木舟等）或使用行为（滑雪等）的潜在危险性及如何回避风险等问题进行宣传、指导。

8.1.2　中国大连湿地管理

大连市三面环海，具有独特的地理环境，市内各区均有湿地分布，且据《辽宁野生动植物和湿地资源》《辽宁省湿地资源调查技术实施细则》以及大连市有关统计数据显示，大连市的湿地总面积位居辽宁省第一位，共分为 4 类 11 型。基于大连市的地理位置能够与日本形成相邻纬度的横向对比，因此，中国城市的湿地管理选取大连市为例。

大连市的湿地保护管理工作正式起步于 1980 年 8 月辽宁老铁山蛇岛自然保护区的建立，40 多年来，全市已建立 12 处自然保护区，在湿地资源和生态系统保护方面发挥了重要的作用。

2009 年 2 月和 3 月，大连市人民政府办公厅分别下发了"关于加强大连市湿地保护的通知"(大政法〔2009〕43号)和"关于引发编制大连市湿地保护规划工作方案的通知"(大政法〔2009〕69号),明确要求各地区将湿地保护规划纳入本地区经济和社会发展技术,真正把《全国湿地保护工程规划》(2004—2010年)提出的各项任务落入实处,促进湿地保护工作健康发展。

2010年12月,由原国家林业局调查规划设计院、原大连市林业局共同参编的《大连市湿地保护发展规划(2011—2020)》发布,规划包括大连湿地及其保护现状,指导思想和建设目标、湿地保护总体布局、湿地保护与管理规划等内容。

2015年《大连市环境总体规划(2012—2020)》在第五节生态建设规划海洋生态保护第36条中指出,"加强湿地保护,提高湿地管理水平",建立健全资源普查、动态监测、预警预报制度。

2017年《大连市城市总体规划(2001—2020)》(2017年修订)中将"加强生态环境保护、转变发展方式"列为城市总体规划的指导思想之一,以形成经济、社会、文化、资源和环境协调发展的目标。

2020年9月发布的《大连市国土空间规划条例(草案)》第二十九条规定市及区(市)县人民政府应当加强行政区域内湿地保护工作,落实湿地面积总量管控,严格湿地用途监管。实行分级管理和湿地名录管理,采用设立自然保护区、湿地公园、湿地保护小区等方式对湿地进行保护。国家公园、自然保护区、风景名胜区、森林公园、地质公园、湿地公园、海洋公园等自然保护地应当划定核心保护区和一般控制区,实施分区管控。

8.2 小结

经济发展推动下的城市化建设持续推进,人类文明的繁衍与发展、多元文化交融,自然生态环境的演变与物竞天择,让我们看到了人类与自然环境存在和谐共生的必然联系,证实了自然环境与人类社会之间的相互作用力。人类从聚居生活开始,城市建设介入到自然生态系统。人类在进行城市建设时发挥能动作用干预自然生态环境,产生了一系列的影响,这是城市现代文明推进的必然过程。

人类社会发展和文明进步的历史,一定程度上反映了人与自然、人与物质空间环境、人与人之间协调共进的过程。人类生产生活依赖于湿地等自然生态环境,在恢复生态基底满足功能性需求的前提下,从物质功能需求开始,转变为更高层次的精神需求特征,城市湿地空间被赋予的意义更广泛且多维度。湿地作为全球生态系统中的重要一环,关乎人类社会生活的方方面面。

中国古人对自然生态环境拥有着去繁求简的朴素哲学认知,现今高技术发展下的科学数据统计发现自然万物的生息繁衍都存在规律。湿地生态系统亦是如此,其运转存在自身规律,自给自足地维持相对平衡、稳定的状态。然而,人口急剧增长所带来的城市建设扩张，对湿地及其他自然环境造成了不同程度的破坏，自然以特殊的形式回应自身的失衡，带来了地域性或全球性自然灾害，危及人类生命及财产安全。由此可见，人类在持续推进物质文明建设的同时，需着重关注人类社会活动与自然生态环境的相互影响，并根据具体情况，在城市建设与生态系统的关系中协调、共存、发展，以求得二者之间的相对平衡与共生。

生态湿地具有区别于森林、海洋的生态系统与生物群落特征，湿地环境敏感而脆弱，虽然生态系统内部及各要素配合，具备一定的自我调节与修复能力，但在影响大、频率高的人类行为活动下，缺少时间和空间实施"生态系统自我修复"。环境负荷或承载积累到一定程度，会导致生态湿地环境的破坏与毁灭，进而影响人类生存环境的城市、社会、经济、技术发展等众多领域。值得庆幸的是，人类能够认识到这一问题并积极采取措施，全球范围内的各个国家、环境保护联盟或研究组织正发挥团体、学科、专业力量，科学理性地了解湿地，认识湿地现状，探索湿地环境未来发展面临的机遇与挑战，提出解决现状问题的策略与路径。

湿地生态系统及其要素研究需要联合多学科跨专业交叉研究，其涉及范畴及问题，必须以科学而严谨的态度面对。在面对湿地自然生态环境的问题上，需要树立"人类命运共同体"意识。在不同地域、国家总结的湿地开发、建设与管理的经验基础上，互通有无、融会贯通，立足于前沿科学理论体系，以解决问题为目的，推进实践项目，持续更新总结生态湿地的开发建设策略，谋求湿地自然生态的健康与可持续性发展。

以景观生态学和可持续发展的观点来处理人与自然的关系，关注湿地等自然生态环境的"生命周期"，从宏观生态系统深入至系统各要素，应对危机，调整人类行为活动，以此缓解或阻止自然生态环境的恶化。生态湿地环境的开发与营造、建设与管理应遵照自然生态发展的规律，协调统筹城市建设发展需求，综合平衡景观学、生态学、经济学等多学科关系，注重过去、现在、未来三个时间维度的环境进程与影响，以此实现自然生态功能与效益的最大化，促进自然生态与城市建设发展的良性循环。

附录　本书部分中西文词汇对照

1. 表 2-1 中中日文词汇对照

海洋/海岸湿地（海洋沿岸域湿地）

内陆湿地（内陆湿地）

永久性浅海水域（永久的な浅海域）

珊瑚礁（サンゴ礁）

砾石（礫）

河口水域（河口域）

河口三角洲水域（河口デルタ水域）

三角洲（デルタ）

滩涂（干潟）

红树林（マングローブ林）

瀑布（滝）

碱水湖（アルカリ性湖沼）

半咸水（汽水）

绿洲（オアシス）

虾（エビ）

盐田（製塩場）

水库（ダム）

岩溶（カルスト）

2. 表 2-4 中中英文词汇对照

北美洲（North America）

南美洲（South America）

非洲（Africa）

欧洲（Europe）

亚洲（Asia）

大洋洲（Oceania）

美国（United States of America）

加拿大（Canada）

墨西哥（Mexico）

玻利维亚（Bolivia）

阿根廷（Argentina）

巴西（Brazil）

南非（South Africa）

尼日尔（Niger）

马达加斯加（Madagascar）

挪威（Norway）

法国（France）

德国（Germany）

意大利（Italy）

俄罗斯（Russian Federation）

中国（China）

日本（Japan）

泰国（Thailand）

澳大利亚（Australia）

3. 表 2-7 中中英文词汇对照

序号（Site）

湿地名称（Wetland Name）

所在省份（Province）

列入时间（Date of designation）

面积（Area）

东洞庭湖（Dong Dongting Hu）

东寨港（Dongzhaigang）

鸟岛（Niao Dao）

鄱阳湖（Poyang Hu）

向海（Xianghai）

扎龙（Zhalong）

米埔沼泽及后海湾（Mai Po Marshes and Inner Deep Bay）

上海崇明东滩自然保护区（Chongming Dongtan Nature Reserve，Shanghai）

大丰国家级自然保护区（ Dafeng National Nature Reserve）

内蒙古达赉湖国家级自然保护区（Dalai Lake National Nature Reserve，Inner

Mongolia)

大连国家斑海豹自然保护区（Dalian National Spotted Seal Nature Reserve）

鄂尔多斯国家级自然保护区（Eerduosi National Nature Reserve）

红河国家级自然保护区（Honghe National Nature Reserve）

惠东港口海龟国家级自然保护区（Huidong Harbor Sea Turtle National Nature Reserve）

南洞庭湿地水禽自然保护区（Nan Dongting Wetland and Waterfowl Nature Reserve）

黑龙江三江国家级自然保护区（San Jiang National Nature Reserve）

山口红树林自然保护区（Shankou Mangrove Nature Reserve）

西洞庭湖自然保护区（Xi Dongting Lake Nature Reserve）

兴凯湖自然保护区（Xingkai Lake National Nature Reserve）

盐城国家级自然保护区（Yancheng National Nature Reserve）

湛江红树林国家级自然保护区（Zhanjiang Mangrove National Nature Reserve）

碧塔海湿地（Bitahai Wetland）

大山包（Dashanbao）

鄂凌湖（Eling Lake）

拉市海湿地（Lashihai Wetland）

麦地卡（Maidika）

玛旁雍错（Mapangyong Cuo）

纳帕海湿地（Napahai Wetland）

双台河口（Shuangtai Estuary）

扎凌湖（Zhaling Lake）

福建漳江口红树林国家级自然保护区（Fujian Zhangjiangkou National Mangrove Nature Reserve）

广东海丰湿地（Guangdong Haifeng Wetland）

广西北仑口国家级自然保护区（Guangxi Beilun Estuary National Nature Reserve）

湖北洪湖湿地（Hubei Honghu Wetland）

上海长江口中华鲟湿地自然保护区（Shanghai Yangtze Estuarine Wetland Nature Reserve for Chinese Sturgeon）

四川若尔盖湿地国家级自然保护区（Sichuan Ruoergai Wetland National Nature Reserve）

杭州西溪湿地（Hangzhou Xixi Wetland）

甘肃尕海湿地自然保护区 （Gansu Gahai Wetlands Nature Reserve）

黑龙江南瓮河国家级自然保护区 （Heilongjiang Nanweng River National Nature Reserve）

黑龙江七星河国家级自然保护区 （Heilongjiang Qixing River National Nature Reserve）

黑龙江珍宝岛湿地国家级自然保护区 （Heilongjiang Zhenbaodao Wetland National Nature Reserve）

东方红湿地国家级自然保护区 （Dongfanghong Wetland National Nature Reserve）

湖北沉湖湿地自然保护区 （Hubei Chen Lake Wetland Nature Reserve）

湖北大九湖湿地 （Hubei Dajiu Lake Wetland）

吉林莫莫格国家级自然保护区 （Jilin Momoge National Nature Reserve）

山东黄河三角洲湿地 （Shandong Yellow River Delta Wetland）

安徽升金湖国家级自然保护区 （Anhui Shengjin Lake National Nature）

广东南澎列岛湿地 （Guangdong Nanpeng Archipelago Wetland）

张掖黑河湿地国家级自然保护区 （Zhangye Heihe Wetland National Nature Reserve）

甘肃盐池湾湿地 （Gansu Yanchiwan Wetland）

黑龙江友好湿地 （Heilongjiang Youhao Wetland）

湖北网湖 （Hubei Wang Lake）

内蒙古大兴安岭汗马湿地 （Inner Mongolia Grand Khingan Hanma Wetland）

吉林哈泥湿地 （Jilin Hani Wetland）

山东济宁南四湖 （Shandong Jining Nansi Lake）

四川长沙贡玛湿地 （Sichuan Changshagongma Wetland）

西藏色林错湿地 （Tibet Selincuo Wetland）

甘肃黄河寿曲湿地 （Gansu Yellow River Shouqu Wetland）

黑龙江哈东沿江湿地 （Heilongjiang Hadong Yanjiang Wetland）

河南民权黄河故道湿地 （Henan Minquan Yellow River Gudao Wetland）

内蒙古毕拉河湿地 （Inner Mongolia Bila River Wetland）

江西鄱阳湖南矶湿地 （Jiangxi Poyang Lake Nanji Wetland）

天津北大港湿地 （Tianjin Beidagang Wetland）

西藏扎日南木错湿地 （Tibet Trari Nam Co Wetland）

4. 表3-2中中英文词汇对照

标准值 （Standard value）

镉（Cadmium）

总氰化物（Total Cyanide）

铅（Lead）

六价铬（Hexavalent Chromium）

砷（Arsenic）

总汞（Total Mercury）

烷基汞（Alkyl mercury）

多氯联苯（PCBs）

二氯甲烷（Dichloro methane）

四氯化碳（Carbon tetrachloride）

二氯乙烷（Dichloroethane）

二氯乙烯（Dichloroethylene）

三氯乙烷（Trichloroethane）

三氯乙烯（Trichloroethylene）

四氯乙烯（Tetrachloroethylene）

二氯丙烯（Dichloropropene）

福美双（Thiram）

西玛津（Simazine）

杀草丹（Thiobencarb）

苯（Benzene）

硒（Selenium）

硝酸盐氮（Nitrate nitrogen）

亚硝酸盐氮（Nitrite nitrogen）

氟化物（Fluoride）

硼（Boron）

5. 表3-3中中英文对照

污染物项目（Pollutant categories）

指南值（Guideline value）

氯仿（Chloroform）

二氯乙烯（Dichloroethylene）

二氯丙烯（Dichlor propane）

二氯苯（Dichlor benzene）

异唑磷（Isoxathion）

二嗪磷（Diazinon）

杀螟流鳞 （Fenitrothio，MEP）

稻瘟灵 （Isoprothiolane）

羟基喹啉铜 （Oxine copper）

百菌清 （Chlorothalonil，TPN）

炔苯酰草胺 （Propyzamide）

苯硫磷 （EPN）

敌敌畏 （Dichlorvos，DDVP）

仲丁威 （Fenobucarb，BPMC）

异稻瘟净 （Iprobenfos，IBP）

草柘醚 （Chlornitrofen，CNP）

甲苯 （Toluene）

二甲苯 （Xylene）

邻苯二甲酸二 （2-乙基己基） 酯 ［bis （2-ethylhexyl） phthalate］

镍 （Nickel）

钼 （Molybdenum）

锑 （Antimony）

氯乙烯 （Vinyl chloride）

环氧氯丙烷 （Epichlorohydrin）

二氧杂环己烷 （Dioxane）

总锰 （Total Manganese）

铀 （Urbanium）

6. 表 3-4 中中英文词汇对照

适用水质 （Water use）

标准值 （Standard value）

氢离子浓度 （pH） ［Hydrogen-ion concentration （pH）］

生化需氧量 ［Biochemical oxygen demand （BOD）］

悬浮物 ［Suspended solid （SS）］

溶解氧 ［Dissolved oxygen （DO）］

总大肠菌群 （Total coliform）

渔业 （Fishery）

工业用水 （Industrial water）

农业用水 （Agricultural water）

保护环境 （Conservation of environment）

漂浮物 （Floating matter）

湖泊（Lake）

沿海水域（Coastal water）

7. 表 3-5 中中英文词汇对照

化学需氧量［Chemical oxygen demand（COD）］

观光（Sightseeing）

过滤器（Filter）

沉淀过滤器（Sedimentation filter）

海洋产品（Marine product）

8. 表 3-6 中中英文词汇对照

真鲷（Red sea bream）

鲕鱼（Yellow tail）

海藻（Seaweed）

9. 表 3-7 中中英文词汇对照

化学制品（Chemical）

排放限制（Permissible limit）

镉及其化合物（Cadmium and its compound）

氰化物（Cyanide）

有机磷化合物（Organic phosphorus compound）

硫磷（Parathion）

甲基对硫磷（Methyl Parathion）

甲基（Methyl Demeton）

铅及其化合物（Lead and its compound）

六价铬（Hexavalent Chromium）

砷及其化合物（Arsenic and its compound）

汞及其化合物（Mercury and its compound）

烷基汞化合物（Alkyl mercury compound）

多氯联苯（PCBs）

三氯乙烯（Trichloroethylene）

四氯乙烯（Tetrachloroethylene）

二氯甲烷（Dichloromethane）

四氯化碳（Carbon Tetrachloride）

二氯乙烷（Dichloroethane）

二氯乙烯（Dichloroethylene）

三氯乙烷（Trichloroethane）

二氯丙烯（Dichloropropene）

福美双（Thiram）

西玛津（Simazine）

禾草丹（Thiobencarb）

苯（Benzene）

硒及其化合物（Selenium and its compound）

硼及其化合物（Boron and its compound）

氟及其化合物（Fluorine and its compound）

氨（Ammonia）

铵化合物（Ammonium compound）

硝酸盐（Nitrate）

亚硝酸盐化合物（Nitrite compound）

二氧杂环己烷（Dioxane）

10. 表3-8 中中英文词汇对照

正己烷提取物（*N*-hexane extract）

矿物油（Mineral oil）

动、植物油（Animal and vegetable fat）

酚类（Phenols）

铜（Copper）

锌（Zinc）

溶解性铁（Dissolved iron）

溶解性锰（Dissolved manganese）

铬（Chromium）

氮（Nitrogen）

磷（Phosphorus）

温泉（Hot spring）

商业设施（Commercial facility）

公共水域（Public water）

海洋（Sea）

11. 表3-12 中中英文及拉丁文词汇对照

门（亚门）[Phylum（Subgate）]

纲（亚纲）〔Class（Subclass）〕

目（Order）

软体动物门（Mollusca）

节肢动物门（Arthropoda）

脊索动物门（Chordata）

脊椎动物亚门（Verebrata）

腹足纲（Gastropoda）

瓣鳃纲（Lamellibranchia）

昆虫纲（Insecta）

两栖纲（Amphibia）

爬行纲（Reptilia）

鸟纲（Aves）

游禽类（Natatores）

涉禽类（Grallatores）

哺乳纲（Mammalia）

真瓣鳃目（Eulamellibranchiata）

蜻蜓目（Odonata）

直翅目（Orthoptera）

半翅目（Hemiptera）

同翅目（Homoptera）

鞘翅目（Coleoptera）

鳞翅目（Lepidoptera）

双翅目（Diptera）

有尾目（Urodela）

无尾目（Anura）

龟鳖目（Testudoformes）

蜥蜴目（Lacertiformes）

蛇目（Serpentiformes）

鸊鷉目（Podicipediformes）

鹈形目（Pelecaniformes）

雁形目（Anseriformes）

鸥形目（Lariformes）

潜鸟目（Gaviiformes）

鹱形目（Procellariiformes）

鹳形目（Ciconiformes）

鹤形目（Gruiformes）

鸻形目（Charadriiformes）

隼形目（Falconiformes）

鸮形目（Strigiformes）

佛法僧目（Coraciiformes）

雀形目（Passeriformes）

鸡形目（Galliformes）

食虫目（Insectivora）

食肉目（Carnivora）

兔形目（Lagomorpha）

啮齿目（Rodentia）

偶蹄目（Artiodactyla）

东北田螺（*Viuiparus chui*）

卵萝卜螺（*Radix ovata*）

中国尖嵴蚌（*Acuticosta chinensis*）

长尾黄蜓（*Ceriagrion fullax*）

长翅素木蝗（*Shirakiacris shirakii*）

横带红长蝽（*Lygaecus equestris*）

红袖蜡蝉（*Diostrombus politus*）

黑斑长节牙甲（*Laccobius zugmayeri*）

肾毒蛾（*Cifuna locuples*）

最黑按蚊（*Anopheles nigerrimus*）

大鲵（*Andrias davidianus*）

东方铃蟾（*Bombina orientalis*）

鳖（*Trionyx sinensis*）

黑龙江草蜥（*Takydronus amurensis*）

黄脊游蛇（*Coluber spinalis*）

赤颈鹎䴙（*Colymbus grisegena*）

斑嘴鹈鹕（*Pelecanus philippensis*）

红胸黑雁（*Branta ruficollis*）

银鸥内蒙亚种（*Larus argentatus mongolicus*）

红喉潜鸟（*Gavia stellata*）

短尾信天翁（*Diomedea albatrus*）

苍鹭（*Arden cinerea*）

白头鹤（*Grus monachus*）

水雉（*Hydrophasianus chirurgus*）

苍鹰（*Accipiter gentilis*）

长尾林鸮（*Strix uralensis*）

白胸翡翠（*Halcyon smyrnensis*）

小云雀长江亚种（*Alauda gula weigoldi*）

雉鸡川北亚种（*Phasianus colchicus suehschanensis*）

大麝鼩（*Crocidura lasiura*）

狼（*Canis lupus*）

草兔（*Lepus capeenis*）

东方田鼠（*Microtus fortis*）

狍（*Capreolus capreolus*）

12. 表 4-1 中中英文词汇对照

内陆湿地（Inland wetland）

生态系统评估（Ecosystem assessment）

功能（Function）

服务（Service）

食物（Food）

淡水（Fresh water）

纤维（Fiber）

燃料（Fuel）

生化产品（Biochemical product）

基因材料（Genetic materias）

气候调节（Climate regulation）

水文状况（Hydrological regime）

污染控制与排毒（Pollution control and detoxification）

防腐蚀（Erosion protection）

自然危害（Natural hazard）

精神和鼓舞人心（Spiritual and inspirational）

休闲娱乐（Recreational）

审美（Aesthetic）

教育性（Educational）

生物多样性（Biodiversity）

土壤形成（Soil formation）

营养循环（Nutrient cycling）

授粉 （Pollination）

注释与示例 （Comment and example）

水果 （Fruit）

谷物 （Grain）

灌溉用水 （Provision of water）

泥炭 （Peat）

饲料 （Fodder）

骨料 （Aggregate）

药物 （Medicine）

温度 （Temperature）

降水 （Precipitation）

地下水 （Groundwater）

污染物 （Pollutant）

土壤 （Soil）

防洪 （Flood control）

风暴防护 （Storm protection）

自然特征 （Natural feature）

居民 （Habitat）

物种 （Species）

沉积物 （Sediment）

有机质 （Organic matter）

营养物 （Nutrient）

永久和临时河流 （Permanent and temporary river）

湖泊 （Lake）

水库 （Reservoir）

季节性湖泊 （Seasonal lake）

湿原和沼泽 （Marshes and swamp）

洪泛区 （Floodplain）

森林湿地 （Forested wetland）

高山和苔原湿地 （Alpine and tundra wetland）

泉水 （Spring）

绿洲 （Oase）

地热湿地 （Geothermal wetland）

地下湿地 （Underground wetland）

洞穴 （Cave）

地下水系统（Groundwater system）

13. 表 4-2 中中英文词汇对照

河口（Estuarie）

沼泽（Marsh）

红树林（Mangrove）

泻湖（Lagoon）

盐池（Salt pond）

潮间带（Intertidal flat）

海滩（Beach）

沙丘（Dune）

海带（Kelp）

贝壳礁（Rock and shell reef）

海草床（Seagrass bed）

珊瑚礁（Coral reef）

参考文献

［1］ 张平．张掖市黑河流域湿地研究与保护［J］．湿地科学与管理，2011，7（03）：33-36.

［2］ 秦磊．天津七里海古潟湖湿地环境演变研究［J］．湿地科学，2012，10（02）：181-187.

［3］ 杨永兴．从魁北克 2000-世纪湿地大事件活动看 21 世纪国际湿地科学研究的热点与前沿［J］．地理科学，2002（02）：150-155.

［4］ 汤蕾，赵冰梅，许东，等．国外湿地研究进展［J］．安徽农业科学，2008（01）：299-301.

［5］ 田景汉，王建华，张红梅，等．国内外湿地研究回顾［J］．沧州师范学院学报，2015，31（01）：88-90.

［6］ 刘波．湿地的国内外研究进展［J］．理论观察，2012（05）：54-55.

［7］ 王宪礼，李秀珍．湿地的国内外研究进展［J］．生态学杂志，1997（01）：59-63+ 78.

［8］ 王国平，吕宪国．沼泽湿地环境演变研究回顾与展望——纪念中国科学东北地理与农业生态研究所建所 50 周年［J］．地理科学，2008（03）：309-313.

［9］ 马学旺．中国湿地景观研究综述［J］．现代园艺，2015（09）：24-27.

［10］ 崔保山．湿地学［M］．北京：北京师范大学出版社，2006.

［11］ 陆健健．中国湿地［M］．上海：华东师范大学出版社，1990.

［12］ 中国 21 世纪议程：中国 21 世纪人口、环境与发展白皮书［M］．北京：中国环境科学出版社，1994.

［13］ 丁广业，邓祖涛．武汉东湖湿地生态旅游可持续发展探究［J］．中学地理教学参考，2014（14）：45-46.

［14］ 张献鼎．亚洲发展中国家及地区的环境问题［J］．国外科技动态，1996（11）：20-23.

［15］ 王兆印，傅旭东．黄河源的湿地演变及沙漠化［J］．中国水利，2017（17）：22-24.

［16］ 汪辉．湿地公园生态适宜性分析与景观规划设计［M］．南京：东南大学出版社，2018.

［17］ 生态学词典［M］．哈尔滨：东北林业大学出版社，1994.

［18］ Wetlands Subcommittee, Federal Geographic Data Committee. Classification of Wetlands and Deep-water Habitats of the United States［EB/OL］．［2013-08］．https://www.fws.gov/wetlands/Documents/Classification-of-Wetlands-and-Deepwater-Habitats-of-the-United-States-2013.pdf.

［19］ 于洪贤，姚允龙．湿地概论［M］．北京：中国农业出版社，2011.

［20］ 梅宏，高歌．滨海湿地保护：日本的经验［J］．湿地科学与管理，2010，6（03）：42-44.

［21］ 李燕慧．水生动物对养殖水体的净化作用［C］//. 三峡地区特色渔业发展论坛论文集．2012：129-133.

［22］ 向文英，王晓菲．不同水生动植物组合对富营养化水体的净化效应［J］．水生生物学报，2012，36（04）：792-797.

［23］ 常会庆．水生植物和微生物联合修复富营养化水体试验效果及机理研究［D］．杭州：浙江大学，2006.

［24］ 陈艳卿，刘宪兵，黄翠芳．日本水环境管理标准与法规［J］．环境保护，2010（23）：71-72.

［25］ 陈平，朱冬梅，程洁．日本地表水环境质量标准体系形成历程及启示［J］．环境与可持续发展，2012，37（02）：76-83.

［26］ 杨光．湿地土壤在湿地环境功能中的角色与作用［J］．黑龙江科技信息，2016（03）：184.

［27］ 杨青，刘吉平．中国湿地土壤分类系统的初步探讨［J］．湿地科学，2007（02）：111-116.

［28］ 章光新，武瑶，吴燕锋，等．湿地生态水文学研究综述［J］．水科学进展，2018，29（05）：737-749.

［29］ 李胜男，王根绪，邓伟．湿地景观格局与水文过程研究进展［J］．生态学杂志，2008（06）：1012-1020.

［30］ 李红艳，高瑞，杨雅丽，等．湿地中碳氮磷的循环过程及其环境效应［J］．科技风，2018（13）：190-191.

［31］ 孙宏发，刘占波，谢安．湿地磷的生物地球化学循环及影响因素［J］．内蒙古农业大学学报（自然科学版），2006（01）：148-152.

［32］ 刘春英，周文斌．我国湿地碳循环的研究进展［J］．土壤通报，2012，43（05）：1264-1270.

［33］ 黎明，李伟．湿地碳循环研究进展［J］．华中农业大学学报，2009，28（01）：116-123.

［34］ 阮晓红，张瑛，黄林楠，等．微生物在湿地氮循环系统中的效应分析［J］．水资源保护，2004（06）：1-7+69.

［35］ 金韬．湿地与生物多样性［J］．绿色中国，2020（03）：56-61.

［36］ 罗松英，陈东平，陈碧珊，等．红树林湿地土壤矿物的分析［J］．分析测试学报，2019，38（07）：823-829.

［37］ 臧正，郑德凤，孙才志，等．吉林西部自然保护区湿地生态效益及生态恢复评价［J］．应用生态学报，2014，25（05）：1447-1454.

［38］ 陆健健，何文珊，童春富，等．湿地生态学［M］．北京：高等教育出版社，2006.

［39］ 施军．城市湿地美学价值评价研究［D］．杭州：杭州师范大学，2019.

［40］ 崔丽娟，张明祥．湿地评价研究概述［J］．世界林业研究，2002，15（6）：46-53.

［41］ 王梅．美国的湿地保护和立法［J］．国土资源，2002（02）：48-49.

［42］ 李晓青．中国湿地保护立法研究［D］．大连：大连海事大学，2015.

［43］ 梅宏，高歌．日本湿地保护立法及启示［J］．环境保护，2010（22）：72-74.

［44］ 张学峰，房用，等．湿地生态修复技术及案例分析［M］．北京：中国环境出版社，2016.

［45］ 钱畅．城市人工湿地景观设计原则及方法研究——结合景观设计实例［D］．天津：天津大学，2012.

［46］ 成玉宁，张祎，张亚伟，等．湿地公园设计［M］．北京：中国建筑工业出版社，2012.